Gottlob Frege

Ueber eine geometrische Darstellung der imaginären Gebilde in der Ebene

Gottlob Frege

Ueber eine geometrische Darstellung der imaginären Gebilde in der Ebene

ISBN/EAN: 9783743698048

Hergestellt in Europa, USA, Kanada, Australien, Japan

Cover: Foto ©berggeist007 / pixelio.de

Weitere Bücher finden Sie auf **www.hansebooks.com**

Ueber eine

geometrische Darstellung

der

imaginären Gebilde in der Ebene.

Inaugural-Dissertation

der

philosophischen Facultät zu Göttingen

zur Erlangung der Doctorwürde

vorgelegt

von

G. Frege

aus Wismar.

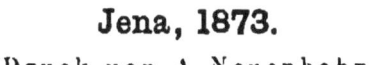

Jena, 1873.

Druck von A. Neuenhahn.

Wenn man erwägt, dass die ganze Geometrie zuletzt auf Axiomen beruht, welche ihre Gültigkeit aus der Natur unseres Anschauungsvermögens herleiten, so erscheint die Frage nach dem Sinne der imaginären Gebilde wohlberechtigt, da wir ihnen Eigenschaften bei legen, welche nicht selten jeder Anschauung widersprechen. Zum Vergleich ziehen wir die unendlichen fernen Gebilde heran, die ja gleichfalls im Raume unserer Anschauung nicht vorkommen. Wörtlich verstanden ist „unendlich ferner Punkt" sogar eine Contradictio in adjecto; denn der Punkt selbst würde eben das Ende einer Entfernung sein, die kein Ende hätte. Der Ausdruck ist daher ein uneigentlicher und bezeichnet die Thatsache, dass parallele Linien sich in projectivischer Beziehung verhalten, wie Gerade, die durch denselben Punkt gehen. Unendlich ferner Punkt ist daher nur ein anderer Ausdruck für das allen Parallelen Gemeinsame, welches wir sonst Richtung nennen. Wie eine Gerade durch zwei Punkte bestimmt wird, so ist sie auch gegeben durch einen Punkt und die Richtung Dies ist nur ein Beispiel des allgemeinen Gesetzes, dass überall, wo es sich um projectivische Verhältnisse handelt, die Richtung einen Punkt vertreten kann. Die Bezeichnung der Richtung als unendlichferner Punkt beseitigt den Uebelstand, der sonst durch die Nothwendigkeit entstände eine oft unübersehbare Menge von Fällen zu unterscheiden, jenachdem zwei oder mehrere der vorkommenden Geraden parallel wären oder nicht. Steht aber das Princip der Aequivalenz von Richtung und Punkt einmal fest, so werden alle diese Fälle mit Einem Schlage abgemacht.

Die Sache liegt ganz ähnlich bei imaginären Gebilden. Berechnet man z. B. die Schnittpunkte eines Kreises mit einer Geraden, welche denselben nicht trifft, so findet man für die Coordinaten conjugirt complexe Ausdrücke. Die Bedeutung der so definirten imaginären Punkte ist nicht auf das analytische Gebiet beschränkt. Die Gerade verhält sich nämlich zu allen Kreisen, welche mit ihr dieselben imaginären Punkte bestimmen, grade so, wie zu einem Systeme von Kreisen, welche mit ihr dieselben reellen Punkte gemein haben. Auch die Kreise unter einander verhalten sich so, als ob sie zwei Punkte gemein hätten; sie bilden z. B. auf der Geraden ihrer Mittelpunkte eine Involution. Man kann die imaginären Punkte daher auch rein geometrisch durch die Zusammenstellung eines Kreises mit einer Geraden definiren oder durch eine Involution auf einer Geraden. Auch die Eigenschaft eines Kegelschnittes, Kreis zu sein, ist aequivalent dem Gehen durch zwei Punkte. Während z. B.

im Allgemeinen ein Kegelschnitt durch fünf Punkte bestimmt ist, genügen für den Kreis deren drei. Wie die unendlichfernen Punkte drücken daher auch die imaginären etwas aus, was mehreren Gebilden gemeinsam ist. So sind die imaginären unendlichfernen Kreispunkte ein Ausdruck für die gemeinsamen Merkmale, durch welche die Kreise sich von allen übrigen Curven auszeichnen. Dieses Gemeinsame stellt sich analytisch in der Form von complexen Coordinaten dar, welche der Curvengleichung genügen. Da man nun mit diesen complexen Zahlen dieselben Operationen, wie mit reellen vornehmen kann, so folgt aus diesen imaginären Schnittpunkten eine Menge geometrischer Sätze, welche auch aus reellen folgen würden.

Es ist nun vor Allem wichtig zu erfahren, wann man einen Satz, der von reellen Gebilden gilt, auf imaginäre übertragen darf. Zur Beantwortung dieser Frage müssen wir an die Grundlagen der analytischen Geometrie erinnern. Die Gleichung der Geraden wird mit Hülfe der Aehnlichkeit der Dreiecke und der Sätze über die Winkel bei parallelen Linien abgeleitet. Aus denselben Sätzen folgt der Pythagoräische Lehrsatz, durch welchen wir den Ausdruck für die Entfernung zweier Punkte gewinnen. Dies sind die Elemente, aus denen alle geometrischen Constructionen zusammengesetzt sind. Es lassen sich umgekehrt auch die Sätze über Aehnlichkeit und die Winkel bei parallelen Linien und somit auch alle, die nun aus diesen folgen, durch die analytische Geometrie beweisen. Sind die hierbei vorgenommenen Operationen und Schlüsse auch auf complexe Zahlen anwendbar, so kann der Satz auf imaginäre Gebilde ausgedehnt werden. Eine Wahrheit dagegen, welche zu ihrem Beweise noch anderer Voraussetzungen bedarf, gilt im Allgemeinen nicht von imaginären Gebilden. Mit wenigen Ausnahmen können nun in der That alle Operationen und Begriffe, die bei reellen Zahlen vorkommen, auf complexe unverändert übertragen werden. Der Begriff des Grösserseins jedoch lässt sich nicht wohl auf complexe Zahlen anwenden. Auch bei der Integration treten Verschiedenheiten auf, welche auf der Mannichfaltigkeit der möglichen Integrationswege bei complexen Veränderlichen beruhen. Durch die grosse Zahl der gesetzmässigen Beziehungen, welche trotzdem den imaginären Gebilden mit den reellen gemein sind, wird ihre Einführung in die Geometrie gerechtfertigt.

Es entsteht nun ebenso wie bei der Betrachtung der unendlich fernen Punkte das Bedürfniss, diese uneigentlichen Elemente nicht nur in gleicher Weise wie die eigentlichen zu behandeln, sondern auch vor Augen zu haben. Für die unendlich fernen Punkte der Ebene ist dies leicht bewirkt, wenn man die Ebene auf eine Kugel von einem Punkte der Letzteren aus, der nicht der nächste oder fernste ist, projicirt. Dann besteht in der Abbildung kein Unterschied zwischen eigentlichen und unendlichfernen Punkten. Das Entsprechende für die imaginären Gebilde zu leisten, soll im Folgenden versucht werden. Unter einer geometrischen Darstellung der imaginären Gebilde der Ebene verstehen wir demnach eine Art der Zuordnung, vermöge deren jedem reellen oder imaginären Elemente der Ebene ein reelles, anschauliches Element entspricht. Hierdurch wird zunächst der Vortheil erreicht, welcher bei jeder eindeutigen Zuordnung zweier Elementengebiete dadurch entsteht, dass man von bekannten Sätzen durch blosse Uebertragung zu neuen Wahrheiten gelangt. Das Besondere dieses Falles aber ist, dass die unanschaulichen Beziehungen imaginärer Gebilde durch anschauliche ersetzt werden. Die Bedeutung der imaginären Gebilde tritt gleichmässig in den metrischen und projectivischen Beziehungen hervor. Wir wollen uns jedoch auf die metrischen beschränken und nur am Schlusse eine Verallgemeinerung der Darstellungsweise andeuten, welche für projectivische Sätze geeigneter sein möchte.

§ I. Darstellung der imaginären Punkte.

Damit wir uns im Folgenden kurz und genau ausdrücken können, führen wir folgende Bezeichnungen ein:
Die Ebene, deren Gebilde wir darstellen, heisse die Grundebene. Die darzustellenden Punkte, Geraden, Curven sollen immer durch den Zusatz „reell" oder „imaginär" von solchen Gebilden unterschieden werden, die zur Darstellung jener dienen und immer als reell zu betrachten sind. Ferner soll unter dem Imaginären im Allgemeinen das Reelle mit begriffen sein. Um nun die imaginären Punkte der Grundebene darzustellen, scheint es angemessen, von der analytischen Definition auszugehen, weil diese uns ihren ganzen Vorrath auf die allgemeinste Weise umfassen lässt. Wir denken uns dem-

nach die imaginären Punkte durch ihre rechtwinkligen Coordinaten

$$x = \xi + i\xi' , y = \eta + i\eta'$$

gegeben. Wir könnten nun den imaginären Punkt (x,y) durch die beiden Punkte (ξ, η) und (ξ', η') darstellen. Dann wäre jedoch nicht ersichtlich, welcher von beiden die reellen Theile ausdrücken sollte. Deshalb versetzen wir den Punkt (ξ', η') in eine besondere Ebene, welche parallel zur Grundebene ist und die rechtwinkligen Axen der ξ' und η' enthält. Wir nennen diese Ebene die des Imaginären. Die Grundebene als Ort der Punkte (ξ, η) mag die Ebene des Reellen heissen. Um zusammengehörige Punkte dieser Ebenen als solche zu kennzeichnen, verbinden wir sie durch eine Gerade, welche wir als Darstellung des imaginären Punkts ansehen. Geht eine Gerade durch den Coordinatenanfang in der Ebene des Imaginären, so stellt sie einen reellen Punkt dar. Jenen Coordinatenanfang wollen wir der Kürze wegen Anfangspunkt des Imaginären nennen.

§ 2. Die imaginären Curven und besonders die imaginäre Gerade.

Irgend eine Curve sei gegeben durch die Gleichung

$$S(x,y) = 0.$$

Diese zerfällt in

1) $\quad \varphi(\xi, \xi', \eta, \eta') = 0 , \psi(\xi, \xi', \eta, \eta') = 0$

Durch je ein System von Werthen ξ, ξ', η, η', die den Gleichungen (1) genügen, ist ein imaginärer Curvenpunkt

gegeben. Von diesen giebt es eine zweifach unendliche Menge, wenn wir die Mannichfaltigkeit der reellen Punkte einer Geraden eine einfach unendliche nennen. Lösen wir die Gleichungen (1) auf, so erhalten wir in
$$\xi'=f(\xi,\eta)\ ,\ \eta'=f_1(\xi,\eta)$$
Functionen, welche uns eine Abbildung der Ebene des Reellen auf der des Imaginären geben.

Es sei nun zunächst die Curve eine Gerade, gegeben durch die Gleichung
$$ux+vy+1=0,$$
wo $u=\rho+i\rho'\ ,\ v=\chi+i\chi'$.

Die Abbildungsfunctionen sind dann:

2) $$\xi'=\frac{\chi+(\rho\chi+\rho'\chi')\xi+(\chi^2+\chi'^2)\eta}{\rho'\chi-\chi'\rho}$$
$$\eta'=\frac{-\rho-(\rho^2+\rho'^2)\xi-(\rho\chi+\rho'\chi')\eta}{\rho'\chi-\chi'\rho}$$

oder bei umgekehrter Auflösung:

3) $$\xi=\frac{\chi'-(\rho\chi+\rho'\chi')\xi'+(\chi^2+\chi'^2)\eta'}{\rho'\chi-\chi'\rho}$$
$$\eta=\frac{-\rho'+(\rho^2+\rho'^2)\xi'+(\rho\chi+\rho'\chi')\eta'}{\rho'\chi-\chi'\rho}$$

Die Abbildung ist eine eindeutige.

Nicht jedes Paar linearer Functionen
$$\xi'=A+B\xi+C\eta\ ,\ \eta'=D+E\xi+F\eta$$
kann die Formeln (2) vertreten. Es müssen vielmehr die Bedingungen

4) $$F+B=0\ ,\ BF-EC=1$$

erfüllt sein. Um zu untersuchen, welche besondere Art der Abbildung hiermit gegeben sei, nehmen wir eine Drehung des Coordinatensystems in beiden Ebenen vor, indem wir setzen:

$$x{=}x,\cos\alpha - y,\sin\alpha, \quad y{=}x,\sin\alpha + y,\cos\alpha$$

So erhalten wir die neuen Abbildungsfunctionen
$$\xi,'{=}A,{+}B,\xi,{+}C,\eta,, \quad ,\eta,'{=}D,{+}E,\xi,{+}F,\eta,.$$

Hierin ist
$$B,{=}B\cos^2\alpha + F\sin^2\alpha + (E+C)\sin\alpha\cos\alpha$$

oder
$$B,{=}B\cos 2\alpha + \frac{E+C}{2}\sin 2\alpha$$

$$F,{=} -B\cos 2\alpha - \frac{E+C}{2}\sin 2\alpha$$

Wir können nun α so bestimmen, dass $B,{=}0$ und $F,{=}0$
Es ist dann
$$\operatorname{tg} 2\alpha = -\frac{2B}{C+E}$$

Für α selbst folgen hieraus zwei um $90°$ verschiedene Werthe. Es ist nun

5) $\qquad \xi,'{=}A,{+}C,\eta,, \quad ,\eta,'{=}D,{+}E,\xi,$

Die Gleichung (4) verwandelt sich in

6) $\qquad E,C,{=} -1$

Was ist nun hiervon die geometrische Bedeutung? Einer Parallelen zur $\xi,$—Axe entspricht eine solche zur $\eta,'$—Axe, einer Parallelen zur $\eta,$—Axe, eine solche zur $\xi,'$Achse. Wir haben bis jetzt keine Festsetzung über die gegenseitige Lage der Coordinatensysteme in den Ebenen des Reellen und Imaginären getroffen. Wir bestimmen jetzt, dass das Coordinatensystem in der Ebene des Imaginären um $90°$ gegen das in der Ebene des Reellen gedreht sei, so dass die ξ'—Axe der η—Axe und die η'—Axe der negativen Seite der ξ—Axe parallel sei. Das Entsprechende gilt dann von $\xi,',\eta,'$ in Bezug auf ξ_i und η_i. Wir erreichen hierdurch den Vortheil, dass die Parallelen zur ξ_i— und η_i—Axe ihren Bildern parallel werden. Jetzt ist es möglich, die Abbildung durch eine einfache geometrische Construction zu bewerkstelligen. Legen wir nämlich durch je ein Paar einander entsprechender Parallelen zur η_i— und ξ_i'—Axe eine Ebene, so schneiden sich alle diese Ebenen in einer gemeinsamen Kante NR (Fig. 1), weil wegen (5) der Abstand zweier Parallelen in der Ebene des Reellen zu dem ihrer Bilder ein constantes Verhältniss hat. Ebenso schneiden sich alle Ebenen, die durch je ein Paar einander entsprechender Parallelen zur ξ_i und η_{ii}Axe gelegt werden, in einer gemeinsamen Kante QM. Diese Kanten sind der Grundebene parallel und zu einander senkrecht. Wegen der Gleichungen (5) und (6), und weil die Axen der η_i' und der ξ_i entgegengesetzt, die der η_i und ξ_i' aber gleichgerichtet sind, muss die Kante QM nach der entgegengesetzten Seite ebenso weit von der Ebene des Reellen entfernt sein als RN von der des Imaginären. Durch die Kanten RN und QM ist die Abbildung gegeben; denn jede Gerade, die einen Punkt von NR mit einem von QM verbindet, schneidet die beiden Ebenen in entsprechenden Punkten. Da die beiden Kanten auf diese Weise alle imaginären Punkte der imaginären Geraden geben, so betrachten wir sie als Darstellung der Letzteren. Damit ein Paar von Geraden eine imaginäre Gerade darstelle, ist erforderlich, dass sie auf einander senkrecht stehen, mit der Grundebene parallel seien, und dass die eine ebenso weit von der

Ebene des Reellen abstehe als die andere in entgegengesetzter Richtung von der des Imaginären. Wir wollen ein solches Paar von Geraden Leitlinien einer imaginären Linie nennen. Es bleibt noch übrig, den Specialfall einer reellen Geraden zu betrachten. Eine imaginäre Gerade hat nur einen reellen Punkt; denn durch den Anfangspunkt des Imaginären lässt sich im Allgemeinen nur Eine Gerade legen, welche die beiden Leitlinien schneidet. Nur wenn die eine der Leitlinien durch den Anfangspunkt des Imaginären selber hindurchgeht, haben wir unendlich viele reelle Punkte. Diese werden durch die Geraden dargestellt, die sie mit dem Anfangspunkte des Imaginären verbinden. Da die eine Leitlinie in der Ebene des Imaginären liegt, muss die andere in der des Reellen liegen und folglich mit der darzustellenden reellen Geraden selber zusammenfallen. Ausser den reellen Punkten haben wir hier noch eine zweifach unendliche Menge imaginärer, welche durch die Verbindungslinien anderer Punkte der Leitlinie in der Ebene des Imaginären mit Punkten der Leitlinie in der Ebene des Reellen dargestellt werden. Von einer eigentlichen Abbildung kann hier nicht die Rede sein, wie aus dem Verschwinden des Nenners der Formeln (2) und (3) hervorgeht und auch geometrisch einleuchtet. Dies tritt überhaupt immer ein, wenn die Leitlinien in den Ebenen des Reellen und Imaginären liegen, oder analytisch ausgedrückt, wenn der Nenner $\rho'\chi - \chi'\rho$ der Formeln (2) verschwindet. Beide Bedingungen sind offenbar identisch; denn damit keine Abbildung möglich sei, ist jede der-

selben nothwendig und hinreichend. Wenn $\rho'\chi = \chi'\rho$ ist, so kann man setzen
$$u = \rho + i\rho' = Q(\cos\gamma + i\sin\gamma)$$
$$v = \chi + i\chi' = R(\cos\gamma + i\sin\gamma).$$
Die Coëfficienten u,v der Gleichung $ux + vy + 1 = 0$ haben daher dieselbe Amplitude. Wir wollen eine solche imaginäre Gerade eine einfach imaginäre nennen. Solche stehen in metrischen Beziehungen den reellen Linien näher.

§ 3. Die imaginäre Verbindungslinie.

Es seien zwei Gerade (g, h) gegeben, welche imaginäre Punkte darstellen; es sollen die Leitlinien ihrer imaginären Verbindungslinie construirt werden.

Wir schliessen zunächst den Fall aus, dass g oder h der Grundebene parallel sei, und nehmen an, dass sie sich schneiden. Dann müssen die gesuchten Leitlinien in der Ebene von g und h liegen, oder durch ihren Schnittpunkt gehen. Beide Leitlinien können nicht in der Ebene von g und h liegen, weil sie dann einander parallel sein würden. Die eine geht also jedenfalls durch den Schnittpunkt. Dann kann aber die andere im Allgemeinen nicht gleichfalls da hindurch gehen wegen der Bedingung, welche die Abstände der Leitlinien von den Ebenen erfüllen müssen. Die zweite Leitlinie liegt also in der Ebene von g und h. Hierdurch und durch die andern Beschränkungen, denen sie unterworfen, ist ihre Lage völlig bestimmt. Damit ist auch die Richtung der Leitlinie gegeben, welche durch den Schnittpunkt von g und h geht. Die einzigen Fälle, wo keine der Leitlinien in der Ebene von g und h zu liegen braucht, sind die, in denen der Schnittpunkt von g und h gleiche Entfernung von den Ebenen des Reellen und Imaginären hat, also entweder in der Mitte zwischen beiden oder im Unendlichen liegt. In diesen Fällen gehen beide Leitlinien durch den Schnittpunkt, und ihre Richtung wird unbestimmt. Ist zweitens die Gerade g der Grundebene parallel, so stellt sie offenbar einen unendlich fernen imaginären Punkt dar. Wir nehmen nicht an, dass g von h geschnitten werde, g möge aber weder in der Mitte zwischen den Ebenen des Reellen und Imaginären noch in der unendlich fernen Ebene liegen. Wenn wir nun durch g eine Parallelebene F zur Grundebene legen und in dieser eine Leitlinie ziehen, welche g und h schneidet, so kann die andere Leitlinie nicht gleichfalls in dieser Ebene liegen. Damit sie dennoch g schneide und zugleich die Grundebene parallel sei, muss sie parallel zu g angenommen werden. Hierdurch und durch die andern Bedingungen ist sie völlig bestimmt. Es folgt hieraus, dass die erste Leitlinie g unter rechtem Winkel schneidet; auch sie ist hierdurch festgelegt. g stellt den unendlich fernen imaginären Punkt der Geraden dar, deren Leitlinien wir soeben gezogen haben. Verschiebt man g parallel mit sich in der Ebene F, so bleibt die Construction ungeändert. Alle diese Parallelen stellen demnach denselben imaginären unendlichfernen Punkt dar. Legen wir eine Parallelebene F' zur Grundebene durch die andere Leitlinie und ziehen in ihr Normalen zu dieser oder, was dasselbe, zu g, so ergeben auch diese Normalen in Verbindung mit h dieselben Leitlinien wie g. Alle diese Geraden stellen folglich denselben unendlichfernen imaginären Punkt dar. Ein solcher wird also durch zwei einfach unendliche Schaaren von Parallelen dargestellt, die zu einander senkrecht sind und in zwei Ebenen liegen, welche parallel und symmetrisch zu den Ebenen des Reellen und Imaginären sind. Den Fall, wo g parallel und in der Mitte zwischen den Ebenen des Reellen und Imaginären oder in der unendlichfernen Ebene liegt, werden wir später betrachten.

Ist auch h der Grundebene parallel, so ist die imaginäre Verbindungslinie der durch h und g dargestellten imaginären unendlichfernen Punkte die unendlichferne Gerade der Grundebene. Dies ist also die eine Leitlinie. Die Frage nach der andern muss einstweilen noch unbeantwortet bleiben. Ausgeschlossen sind hier die Fälle, in denen g, h nach unseren oben gefundenen Resultaten denselben unendlichfernen Punkt darstellen.

Wenn endlich g, h weder der Grundebene parallel sind, noch sich schneiden, so projiciren wir Alles auf eine Ebene, die in der Mitte zwischen den Ebenen des Reellen und Imaginären parallel zu ihnen liegt, welche wir im weiteren Verlaufe stets mit E bezeichnen werden. Die Projectionsstrahlen seien parallel zur einen Geraden g. Diese bildet sich dann als Punkt G (Fig. 2) ab. Der Durchschnittspunkt der Geraden h mit der Ebene E sei H und ihre Projection h_1. Es mögen ferner G A und G B die Projectionen der gesuchten Leitlinien sein.

Dann ist $HA=HB=Hg$. Man erhält also A und B, indem man HG von H aus auf $h_{,,}$ nach beiden Seiten abträgt. Die gefundenen Projectionen GA und GB kann man dann durch Parallelverschiebung längs g an ihren Ort im Raume versetzen.

§ 4. Die Entfernung imaginärer Punkte.

Der Ausdruck

1) $$r=\sqrt{(x_1-x_0)^2+(y_1-y_0)^2}$$

drückt die Entfernung zweier Punkte aus, wenn x_0, y_0, x_1, y_1 die reellen Coordinaten derselben sind. Jeder Satz, welcher einen Zusammenhang zwischen Längen ausspricht, und nicht blos eine Ungleichung enthält, folgt aus den Grundlagen der analytischen Geometrie und kann analytisch aus (1) durch solche Operationen und Schlüsse hergeleitet werden, die auf complexe Zahlen gleichermassen anwendbar sind. Diese Zusammenhänge bestehen daher auch unter den Werthen von r für complexe Coordinaten. Sehen wir nun als das Wesentliche für den Begriff der Entfernung nicht die Anschaulichkeit einer geraden Strecke, sondern eben jene Gesetzmässigkeit an, so können wir den Namen der Entfernung auch dann in Anwendung bringen, wenn die Endpunkte imaginär sind. In diesem Sinne werden wir fortan von Entfernungen sprechen.

Führen wir nun in (1) die Werthe

$$x_0=\xi_0+i\xi'_0, \quad y_0=\eta_0+i\eta'_0$$
$$x_1=\xi_1+i\xi'_1, \quad y_1=\eta_1+i\eta'_1$$

ein, so erhalten wir

$$r = \sqrt{\begin{array}{c}(\xi_{,}-\xi_0)^2+(\eta_{,}-\eta_0)^2-(\xi_{,}'-\xi'_0)^2-(\eta_{,}'-\eta'_0)^2+\\ 2i[(\xi_{,}-\xi_0)(\xi_{,}'-\xi'_0)+(\eta_{,}-\eta_0)(\eta_{,}'-\eta'_0)]\end{array}}$$

oder, indem wir einführen,

$$\xi_{,}-\xi_0 = \sigma \quad, \eta_{,}-\eta_0 = \tau$$
$$\xi_{,}'-\xi'_0 = \sigma' \quad, \eta_{,}'-\eta'_0 = \tau'$$

2) $\quad r = \sqrt{\sigma^2+\tau^2-\sigma'^2-\tau'^2+2i(\sigma\sigma'+\tau\tau')}$

Zur Vereinfachung der Rechnung legen wir das Coordinatensystem so, dass die Axen den Leitlinien der imaginären Verbindungslinie von (x_0, y_0), $(x_,.y_,)$ parallel werden. Wir projiciren wieder wie in § 3 Alles auf die Ebene E in der dort angegebenen Art. Die Gerade g, die den imaginären Punkt (x_0, y_0) darstellt, bildet sich als Punkt G (Fig 3) ab. h, sei die Projection von h, der Darstellung des imaginären Punktes $(x_,.y_,)$. GB und GA sind die Projectionen der Leitlinien. C und D sind die Bilder der Durchschnitte von h mit den Ebenen des Reellen und Imaginären. Es ist dann CA=DB. Ziehen wir noch CK//DJ//AG, so ist

3) $\quad \begin{cases} GJ = \xi_{,}-\xi_0 = \sigma \\ DJ = \eta_{,}-\eta_0 = \tau \\ GK = -(\eta_{,}'-\eta'_0) = -\tau' \\ CK = \xi_{,}'-\xi'_0 = \sigma'. \end{cases}$

Es ist ferner $\dfrac{DJ}{JB} = \dfrac{CK}{BK}$ oder $\dfrac{DJ}{GK} = \dfrac{CK}{GJ}$ oder

4) $\quad \dfrac{\tau}{-\tau'} = \dfrac{\sigma'}{\sigma}$

Wenn wir für σ den Werth $-\dfrac{\tau'}{\tau}\sigma'$ in (2) einführen, so erhalten wir für den reellen Theil des unter der Wurzel stehenden Ausdrucks

$$A = \frac{(\sigma'^2 - \tau'^2)(\tau'^4 - \tau^2)}{\tau^2}$$

und als Factor von i

$$B = -\frac{2\tau'}{\tau}(\sigma'^2 - \tau^2).$$

Ist nun

$$r = \rho + i\rho' = \sqrt{A + iB},$$

so ist

$$\rho = \sqrt{\frac{\sqrt{A^2+B^2}+A}{2}}, \quad \rho' = \sqrt{\frac{\sqrt{A^2+B^2}-A}{2}}$$

Hierbei ist $\sqrt{A^4+B^2}$ immer positiv zu nehmen, und ρ und ρ' haben gleiches Zeichen, wenn $B>0$, entgegengesetztes, wenn $B<0$. Durch Einsetzung der Werthe von A und B ergiebt sich

$$\rho = \sqrt{\tau^2 - \sigma'^2}, \quad \rho' = \frac{\tau'}{\tau}\sqrt{\tau^2 - \sigma'^2},$$

wenn $\sigma'^2 < \tau^2$, oder

$$\rho = \frac{\tau'}{\tau}\sqrt{\sigma'^2 - \tau^2}, \quad \rho' = -\sqrt{\sigma'^2 - \tau^2},$$

wenn $\sigma'^2 > \tau^2$.

Der Fall $\tau^2 > \sigma'^2$ kann immer auf den Fall $\sigma'^2 > \tau^2$ durch Drehung des Coordinatensystems um 90° zurückgeführt werden. Durch eine solche Drehung wird der vorausgesetzte Parallelismus der Axen mit den Leitlinien nicht gestört. Zeichnen wir die neuen σ und τ durch einen untern Index aus, so ist

$$\tau = \sigma,$$
$$\sigma' = -\tau,'$$
$$\sigma = -\tau,$$
$$\tau' = \sigma,'$$

Ist also $\tau^2 > \sigma'^2$ oder
$$\tau^2 \sigma^2 > \sigma^2 \sigma'^2$$

oder $\tau'^2 \sigma'^2 > \sigma^2 \sigma'^2$
$$\tau'^2 > \sigma^2,$$

so ist $\sigma,'^2 > \tau,^2$.

Wir können also immer den Fall $\sigma,^2 > \tau^2$ voraussetzen. Dann ist

$$r = \sqrt{\sigma'^2 - \tau^2}\left(\frac{\tau'}{\tau} - i\right)$$

Es liegt nahe, den reellen und den imaginären Theil dieser Formel mit den Abschnitten $GB = \mu$, $GA = \mu'$ auf den Leitlinien zu vergleichen. Es ist (Fig 3)
$$\mu = GJ + GK, \mu' = KC + DJ$$

oder nach (3)
$$\mu = \sigma - \tau', \mu' = \sigma' + \tau$$

und mit Rücksicht auf (4)
$$\mu = -\frac{\tau'}{\tau}(\sigma' + \tau).$$

Demnach ist

$$\rho = -\mu\sqrt{\frac{\sigma' - \tau}{\sigma' + \tau}}$$

$$\rho' = -\mu'\sqrt{\frac{\sigma' - \tau}{\sigma' + \tau}}$$

Folglich

5) $\quad r = \pm\sqrt{\frac{\sigma' - \tau}{\sigma' + \tau}}(\mu + i\mu'),$

wobei das Vorzeichen der Wurzel von • willkührlichen Annahmen abhängt. Die Wurzel ist bei unserer Voraussetzung $\sigma'^2 > \tau^2$ immer reell. Sie nimmt eine einfache Form an, wenn die Verbindungslinie eine einfach imaginäre Gerade ist. Dann liegen die Leitlinien in den Ebenen des Reellen und Imaginären. Nehmen wir die ξ—Axe parallel der Leitlinie in der Ebene des Reellen an, so ist der Bedingung $\sigma'^2 > \tau^2$ genügt, da $\tau = 0$. Die Formel (5) geht dann über in

$$r = \mu + i\mu'.$$

Man vermuthet leicht, dass der Factor $\sqrt{\dfrac{\sigma' - \tau}{\sigma' + \tau}}$ von der Entfernung der Leitlinien von den Ebenen des Reellen und Imaginären abhänge. Der Symmetrie wegen bestimmen wir den Abstand N der Leitlinien von der Ebene E und nennen 2d den Abstand der Ebenen des Reellen und Imaginären von einander. Es ist (Fig. 4)

$$\frac{N+d}{N-d} = \frac{CD}{AB} = \frac{\xi_1' - \xi_0'}{\eta_1 - \eta_0} = \frac{\sigma'}{\tau},$$

wobei die Ebene der Zeichnung durch die η- und ξ' Axe gelegt ist. Daraus folgt das Abstandsverhältniss

$$\lambda = \frac{N}{d} = \frac{\sigma' + \tau}{\sigma' - \tau}.$$

Formel (5) geht über in

$$r = \frac{1}{\sqrt{\lambda}} (\mu + i\mu').$$

Betrachten wir noch einmal die Projection auf die Ebene E (Fig. 3), so bemerken wir, dass die Diagonale GL des aus den Seiten

$$GB = \mu, \quad GA = \mu'$$

construirten Rechtecks nach der Gaussischen Art der Darstellung complexer Zahlen in der Ebene die gesuchte Entfernung bis auf einen reellen Factor angiebt, wenn man die Axe des Reellen der einen und die des Imaginären der andern Leitlinie parallel annimmt. Dasselbe gilt auch von GH, der Entfernung der Durchschnittspunkte der Geraden g und h mit der Ebene E, weil $GH = \frac{1}{2} GL$. Es bleibt noch übrig zu untersuchen, welcher der beiden Leitlinien die Axe des Reellen parallel zu machen ist. Es ist dies diejenige, welcher wir die ξ—Axe parallel machen mussten, damit die Bedingung

$$\sigma'^2 > \tau^2$$

erfüllt werde; denn diese Annahme liegt unserer ganzen Betrachtung zu Grunde. Nun ist nach (3) diese Ungleichung identisch mit $CK^2 > DJ^2$. Hierfür kann man im Hinblick auf Fig. 3 auch setzen

6) $\qquad DB^2 > CB^2$

Nun verhalten sich DB und CB wie die Abstände der zur ξ-Axe parallelen Leitlinie von den Ebenen des Reellen und Imaginären. Die Ungleichung (6) drückt demnach aus, dass wir die ξ—Axe derjenigen Leitlinie parallel annehmen müssen, die im absoluten Sinne der Ebene des Reellen näher liegt. Wir erhalten demnach den Satz:

Wenn die auf der imaginären Geraden ε liegenden imaginären Punkte γ und ∂ durch die Geraden g und h dargestellt werden, so veranschaulicht die Verbindungslinie GH der Schnittpunkte von g und h mit der Ebene E, multiplicirt mit einer reellen, nur von ε abhängenden Constanten $\frac{2}{\sqrt{\lambda}}$, die imaginäre Entfernung von γ und ∂, wenn man die Axe des Reellen derjenigen Leitlinie von ε parallel annimmt, die der Ebene des Reellen näher ist. Wir nennen deshalb die Leitlinie einer imaginären Geraden, welche der Ebene des Reellen näher ist, die Leitlinie des Reellen, die andere die des Imaginären.

Es ist nun auch leicht anzugeben, was es bedeutet, wenn zwei Gerade, die imaginäre Punkte darstellen, sich schneiden. Dann ist, wie sich unmittelbar ergiebt, die Entfernung der beiden imaginären Punkte entweder rein reell, wenn der Schnittpunkt der Ebene des Imaginären, oder rein imaginär, wenn er der Ebene des Reellen näher liegt.

§ 5. Schnittpunkt und Winkel imaginärer Geraden.

Es seien zwei imaginäre Gerade durch ihre Leitlinien gegeben; man soll die Gerade finden, welche ihren imaginären Schnittpunkt darstellt.

Die gesuchte Gerade muss die vier gegebenen Leitlinien schneiden. Im Allgemeinen werden vier Gerade durch zwei andere gemeinsam geschnitten. Da hier alle vier Leitlinien derselben Ebene parallel sind, so ist die eine jener beiden Geraden in allen Fällen die unendlichferne Gerade jener Ebene. Weil diese nicht in Betracht kommt, ist die andere die gesuchte Gerade.

In Betreff der Bedeutung des Winkels imaginärer Geraden, brauchen wir nur an das zu erinnern, was wir im Anfange des § 4 gesagt haben. Dies ist im Wesentlichen auf unsern Fall anwendbar. Die Definition des Winkels führen wir mittels der Formel
1) $\qquad a = \arcsin(\tfrac{1}{2}s)$
auf den Begriff der Entfernung zurück. Es bedeutet nämlich s die Sehne in dem mit dem Radius 1 beschriebenen Kreise. Die Function arcsin mag rein analytisch definirt sein.

Gegeben sind zwei imaginäre Gerade durch ihre Leitlinien; für den durch (1) definirten Winkel soll eine anschauliche Bedeutung gefunden werden.

Der allgemeine Fall, wo sich die gleichnamigen Leitlinien kreuzen, kann aus zwei Specialfällen zusammengesetzt werden. In dem einen schneiden sich die Leitlinien und haben dieselbe Entfernung von der Ebene E, in dem andern sind sie parallel und stehen verschieden weit von der Ebene E ab. Hierzu ist nur nöthig eine imaginäre Hülfslinie einzuführen, deren Leitlinien die der ersten imaginären Geraden schneiden und mit den gleichnamigen der zweiten parallel sind. Der gesuchte Winkel ist dann die Summe der Theilwinkel. Der erste Fall hat das Eigenthümliche, dass das eine Leitlinienpaar durch blosse Drehung in das andere übergeführt wird; das Besondere des zweiten Falles ist, dass durch blosse Parallelverschiebung das zweite Leitlinienpaar aus dem ersten entsteht. Um unsere Definition (1) auf den ersten Fall anzuwenden, wo die Leitlinien sich schneiden, müssen wir auf beiden Schenkeln die

Strecke 1 abtragen. Das heisst in unsere Darstellung übertragen: wir müssen auf den Leitlinien des Reellen von ihrem Schnittpunkte C (Fig. 5) aus die Strecke $CD = CG = \sqrt{\lambda}$ abtragen, wenn λ die im vorigen Paragraphen angegebene Bedeutung hat. Verbinden wir die so gefundenen Punkte D,G mit dem Schnittpunkte H der Leitlinien des Imaginären, so stellen die Geraden GH und DH die imaginären Punkte dar, welche in der Entfernung 1 vom Scheitel auf den imaginären Schenkeln liegen. Die Entfernung derselben ist reell und zwar gleich $\frac{GD}{\sqrt{\lambda}}$. Es mögen nun die Leitlinien des Reellen den Winkel α mit einander bilden. Dann ist
$$GD = 2CD\sin\tfrac{1}{2}\alpha = 2\sqrt{\lambda}\sin\tfrac{1}{2}\alpha$$
und der Winkel der imaginären Geraden
$$2\arcsin\tfrac{1}{2}\frac{GD}{\sqrt{\lambda}} = \alpha.$$

Wenn also die Leitlinien sich schneiden, so ist der Winkel der imaginären Geraden gleich dem Winkel ihrer Leitlinien. Im zweiten Falle, wo die gleichnamigen Leitlinien der beiden imaginären Geraden J, II parallel und in verschiedenen Abständen von der Ebene E liegen, müssen wir auf den Leitlinien des Reellen die Längen
2) \qquad $DG = \sqrt{\lambda_1}$, $CF = \sqrt{\lambda_2}$
(Fig. 6) abtragen, wenn λ_1 und λ_2 die entsprechenden Bedeutungen für die beiden Leitlinien haben wie oben λ. Stellt nun DK den imaginären Scheitelpunkt dar, und sind J und K die Punkte, wo diese Gerade von den Leitlinien des Imaginären geschnitten wird, so stellen die Geraden FJ, GK die imaginären Punkte dar, welche

die Abschnitte 1 auf den imaginären Schenkeln begrenzen. Die Entfernung derselben ist rein imaginär, weil der Schnittpunkt H der Geraden FJ und GK der Ebene des Reellen näher liegt, wie leicht gefunden wird. Um diesen imaginären Abstand zu bestimmen, berechnen wir die Entfernung VW der Durchschnitte der Geraden JF und KG mit der Ebene E. Es ist

$$VW = RW - RV = \tfrac{1}{2}(DG - CF)$$
$$VW = \tfrac{1}{2}(\sqrt{\lambda_1} - \sqrt{\lambda_2})$$

Dies multiplicirt mit $\dfrac{2i}{\sqrt{\lambda_3}}$ giebt die imaginäre Sehne, wenn λ_3 der dieser zukommende Werth von λ ist. Es ist nun

3) $$\frac{RC}{\lambda_2} = \frac{RD}{\lambda_1} = \frac{RQ}{\lambda_3}$$

und $$\frac{CF}{CJ} = \frac{QH}{QJ}, \quad \frac{DG}{DK} = \frac{QH}{QK}.$$

Hieraus ergiebt sich durch Elimination von QH und unter Rücksicht auf die Formeln (2) und (3)

$$\lambda_3 = \sqrt{\lambda_1 \lambda_2}.$$

Es ist also die imaginäre Sehne

$$\frac{i\sqrt{\lambda_1} - \sqrt{\lambda_2}}{\sqrt[4]{\lambda_1 \lambda_2}},$$

und der gesuchte imaginäre Winkel ist

4) $$2\arcsin\left(\frac{i}{2} \frac{\sqrt{\lambda_1} - \sqrt{\lambda_2}}{\sqrt[4]{\lambda_1 \lambda_2}}\right) = \pm \frac{i}{2} \lg\left(\frac{\lambda_1}{\lambda_2}\right)$$

Um über das Zeichen zu entscheiden, setzen wir fest, dass der Sinn der Drehung von der ξ- zur η—Axe der positive sein soll. Wir richten es ferner so ein, dass, wenn wir einen unendlichkleinen rein imaginären Winkel seinem Sinus gleich setzen, wir im Einklange mit unsern bisherigen Festsetzungen bleiben. Verfolgen wir nun (Fig. 6), wie sich der Punkt W bei einer positiven Drehung bewegt und wie bei einer Annäherung von DG an die Ebene E, so erkennen wir, dass letztere Richtung zur erstern liegt, wie die Axe des Imaginären ξ' zur Axe des Reellen ξ. Daraus folgt, dass das positive Zeichen in (4) zu nehmen ist, wenn wir von I zu II übergehen; denn es ist $\lambda_1 > \lambda_2$, wenn die Leitlinie von II näher als die von I an der Ebene E ist.

Aus diesen beiden Specialfällen setzt sich der complexe Winkel im allgemeinen Falle zusammen. Es ist

5) $$a = \alpha + \tfrac{1}{2} \mathrm{ilg}\left(\frac{\lambda_1}{\lambda_2}\right)$$

wenn α der Winkel ist, den die Leitlinien im Sinne des Ueberganges von I zu II mit einander bilden.

Um hierfür noch eine andere geometrische Deutung zu gewinnen, schalten wir folgenden Excurs ein.

Ueber die Darstellung complexer Zahlen durch Winkelgrössen in der Ebene.

Man kann in vielen Fällen eine Grösse auffassen als eine Art und Weise oder eine Operation, durch welche ein Element A in ein zweites B verwandelt wird. So kann man eine Länge ansehen als eine Bewegung, durch welche der eine Grenzpunkt in den andern übergeführt wird. Winkel erscheint so als Drehung, durch die der eine — unbegrenzt gedachte — Schenkel in den andern übergeht. Wie nun Gauss complexe Zahlen durch gerade Strecken in der Ebene darstellte, indem er auch die Richtung in Betracht zog, in welcher der eine Grenzpunkt bewegt werden muss, um an den Ort des andern zu gelangen, so wollen wir versuchen den Begriff des Winkels zu verallgemeinern, indem wir die Schenkel nicht blos ihrer Richtung, sondern zugleich ihrer Länge nach berücksichtigen. Wir nennen also Winkel in diesem allgemeinen Sinne die Art, wie eine begrenzte Gerade in eine andere übergeht, die den einen Endpunkt mit ihr gemein hat. Diese Art des Ueberganges besteht aus einer Drehung und einer Vergrösserung in einem bestimmten Verhältnisse. Diese noch unbestimmten Gedanken erhalten eine festere Grundlage durch folgende Betrachtung. Es seien a_1 und a_2 complexe Zahlen, nämlich:

$$a_1 = r(\cos\rho_1 + i\sin\rho_1)$$
$$a_2 = r(\cos\rho_2 + i\sin\rho_2).$$

Sie seien nach Gaussischer Art dargestellt durch zwei gleich lange Strecken. Der Winkel, den sie mit einander bilden, sei gegeben durch

$$a = \rho_2 - \rho_1 = i\lg\frac{a_1}{a_2}.$$

Wir verallgemeinern diese Definition für ungleich lange Strecken, so dass wir

6) $$\alpha = i\lg\frac{a}{b}$$

den complexen Winkel nennen, den die durch
$$a = r(\cos\rho + i\sin\rho), \quad b = s(\cos\psi + i\sin\psi)$$

dargestellten Strecken mit einander bilden. Die Trennung des Reellen und Imaginären in (b) giebt

$$\alpha = \rho - \psi + i \lg \frac{r}{s}.$$

Der reelle Theil ist demnach die Drehung, der Factor von i ist der negative Logarithmus des Verhältnisses der Vergrösserung, durch welche die erste Strecke in die zweite übergeführt wird. Hieraus ergeben sich leicht geometrische Constructionen für die Summen, Differenzen, Vielfachen und Halbirungen solcher Winkel, die sich alle durch Zirkel und Lineal ausführen lassen. Wir begnügen uns jedoch darauf hinzuweisen, dass, wenn man die Vielfachen eines solchen complexen Winkels construirt, während der eine Schenkel festliegt, die Endpunkte des andern auf einer logarithmischen Spirale liegen, deren Polargleichung die Form

$$r = a e^{b\varphi}$$

hat und welche hier an die Stelle des Kreises tritt. Schliesslich wollen wir noch zeigen, wie sich die trigonometrischen Linien dieser complexen Winkel construiren lassen. Es ist

$$\sin\left(\psi + i\lg\frac{1}{b}\right) = \frac{\frac{1}{b}+b}{2}\sin\psi + i\frac{\frac{1}{b}-b}{2}\cos\psi.$$

Der Modulus hiervon ist

$$r_1 = \frac{1}{2}\sqrt{\frac{1}{b^2} + b^2 - 2\cos 2\psi}.$$

Dies lässt folgende Interpretation zu. Es sei (Fig. 7) BAC unser complexer Winkel und BA=1. Dann ist AC=b. Wenn wir denselben Winkel auf der andern

Seite von AB antragen, sodass $\angle DAB = \angle BAC$, so folgt $AD = \frac{1}{b}$. Verbinden wir C mit D, so ist DC gleich dem Doppelten unseres obigen Modus. Die Amplitude χ_1 von

$$\sin\left(\psi + i\lg\frac{1}{b}\right) = r_1(\cos\chi_1 + i\sin\chi_1)$$

ist

$$\tg\chi_1 = \frac{\left(\frac{1}{b} - b\right)\cos\psi}{\left(\frac{1}{b} + b\right)\sin\psi}$$

Die Vergleichung mit ω, dem Winkel, den DC mit der Richtung AK des Reellen bildet, ergiebt

$$\tg\omega = \frac{\left(b + \frac{1}{b}\right)\sin\psi}{\left(b - \frac{1}{b}\right)\cos\psi} = -\frac{1}{\tg\chi_1}.$$

Das heisst: wir müssen $EC = \frac{1}{2}DC$ um $90°$ drehen, um in EG die geometrische Darstellung des Sinus unseres complexen Winkels zu haben.

Es ist ferner

$$\cos\left(\psi + i\lg\frac{1}{b}\right) = \frac{\frac{1}{b} + b}{2}\cos\psi - i\frac{\frac{1}{b} - b}{2}\sin\psi.$$

Der Cosinus wird der Länge und Richtung nach dargestellt durch AE. Vervollständigen wir nämlich das Dreieck ACD zu dem Parallelogramme ACJD, so ist

$$AE = \tfrac{1}{2}AJ$$

$$AK = \left(\frac{1}{b} + b\right)\cos\psi, \quad JH = -\left(\frac{1}{b} - b\right)\sin\psi,$$

woraus unsere Behauptung unmittelbar einleuchtet. Es ist noch zu erwähnen, dass die Punkte D, B, C auf der oben erwähnten Spirale liegen, dass also DC eine Sehne derselben ist. Demnach wird der Sinus durch die um 90° gedrehte halbe Sehne des doppelten Winkels, der Cosinus durch die Verbindungslinie des Scheitels mit dem Halbirungspunkt jener Sehne dargestellt, wenn der Halbirungsschenkel des doppelten Winkels gleich 1 gesetzt wird. Die Verhältnisse bei den gewöhnlichen Winkeln sind hiervon nur Specialfälle.

Anwendung auf den Winkel imaginärer Graden.

Wir benutzen die gewonnenen Vorstellungen, um für die Formel (5) eine geometrische Deutung zu gewinnen. Es stelle (Fig 8) QC den imaginären Scheitelpunkt dar. Wir tragen auf den Leitlinien des Reellen wie früher die Längen $GH=\sqrt{\lambda_2}, CD=\sqrt{\lambda_1}$ ab und ziehen DQ und HM als Darstellungen der auf den Schenkeln im Abstande 1 vom Scheitel liegenden imaginären Punkte. Die Geraden CQ, MH, QD schneiden dann die Ebene E in den Punkten I, K, L. Der reelle Winkel KIC ist dann gleich dem Winkel α, den die Leitlinien mit einander bilden und

$$IK=\tfrac{1}{2}GH=\tfrac{1}{2}\sqrt{\lambda_2}$$
$$IL=\tfrac{1}{2}CD=\tfrac{1}{2}\sqrt{\lambda_1}$$

Demnach geht Formel (5) über in

$$a=\alpha+i\lg\frac{IL}{IK}.$$

Das heisst: die Figur KIL stellt den complexen Winkel dar.

Schliesslich sei noch bemerkt, dass die einfach imaginären Geraden sich dadurch auszeichnen, dass sie mit reellen Graden reelle Winkel bilden.

§ 6. Die imaginären Curven.

Es sei
$$S(x,y) = S(\xi + i\xi', \eta + i\eta') = 0$$
die Gleichung einer imaginären Curve. Durch Trennung des Reellen und Imaginären zerfällt diese in
$$\varphi(\xi,\xi',\eta,\eta') = 0, \quad \varphi_1(\xi,\xi',\eta,\eta') = 0$$
Die Auflösung für ξ' und η' ergiebt die Abbildungsfunctionen

1) $\qquad \xi' = f(\xi,\eta)$
2) $\qquad \eta' = F(\xi,\eta)$

Lösen wir für η' und η auf, so erhalten wir die Gleichungen
$$\eta = \Phi(\xi,\xi'), \quad \eta' = \Phi_1(\xi,\xi'),$$
für welche folgende Differentialgleichungen gelten:

3) $\qquad \dfrac{\partial \Phi}{\partial \xi} = \dfrac{\partial \Phi_1}{\partial \xi'}, \quad \dfrac{\partial \Phi}{\partial \xi'} = -\dfrac{\partial \Phi_1}{\partial \xi}$

Hieraus folgt, dass auch die Functionen f und F nicht von einander unabhängig sind. Um diese Beschränkungen zu erhalten, differentiiren wir (1) und (2) unter der Voraussetzung der Constanz von ξ' nach ξ. Dies giebt

4) $\qquad 0 = \dfrac{\partial f}{\partial \xi} + \dfrac{\partial f}{\partial \eta} \dfrac{\partial \Phi}{\partial \xi}, \quad \dfrac{\partial \Phi_1}{\partial \xi} = \dfrac{\partial F}{\partial \xi} + \dfrac{\partial F}{\partial \eta} \dfrac{\partial \Phi}{\partial \xi}$

Differentiiren wir ferner nach ξ', indem wir ξ constant sein lassen, so folgt aus (1) und (2)

5) $\begin{cases} 1 = \dfrac{\partial f}{\partial \eta}\dfrac{\partial \Phi}{\partial \varepsilon^1} \\ \dfrac{\partial \Phi_1}{\partial \varepsilon^1} = \dfrac{\partial F}{\partial \eta}\dfrac{\partial \Phi}{\partial \varepsilon^1} \end{cases}$

Nehmen wir aus diesen Gleichungen (4) und (5) $\dfrac{\partial \Phi}{\partial \varepsilon}, \dfrac{\partial \Phi}{\partial \varepsilon^1}, \dfrac{\partial \Phi_1}{\partial \varepsilon}, \dfrac{\partial \Phi^1}{\partial \varepsilon_1}$ und setzen sie in (3) ein, so bekommen wir die Differentialgleichungen.

6) $\qquad \dfrac{\partial f}{\partial \varepsilon} + \dfrac{\partial F}{\partial \eta} = 0$

7) $\qquad \dfrac{\partial f}{\partial \varepsilon}\dfrac{\partial F}{\partial \eta} - \dfrac{\partial F}{\partial \varepsilon}\dfrac{\partial f}{\partial \eta} = 1,$

denen die Abbildungsfunctionen f und F genügen müssen.

In dem Specialfalle der imaginären Geraden sahen wir, dass es für jeden Punkt der Ebene des Reellen zwei zu einander senkrechte Richtungen giebt, welche den entsprechenden in der Ebene des Imaginären parallel sind. Ob sich dieser Satz verallgemeinern lasse, soll nun untersucht werden. Schreiten wir von einem Punkte in der Ebene des Reellen in einer bestimmten Richtung fort, so ist die Richtung des gleichzeitigen Fortschritts in der Ebene des Imaginären gegeben durch

$$\dfrac{\partial \varepsilon^1}{\partial \eta^1} = \dfrac{\partial f}{\partial F} = \dfrac{\dfrac{\partial f}{\partial \varepsilon} + \dfrac{\partial f}{\partial \eta}\dfrac{\partial \eta}{\partial \varepsilon}}{\dfrac{\partial F}{\partial \varepsilon} + \dfrac{\partial F}{\partial \eta}\dfrac{\partial \eta}{\partial \varepsilon}},$$

worin $\dfrac{\partial \varepsilon^1}{\partial \eta^1}, \dfrac{\partial f}{\partial F}, \dfrac{\partial \eta}{\partial \varepsilon}$ nicht eigentlich Differentialquotienten bedeuten, sondern nur die Richtungen des Fortschreitens bestimmen sollen. Erinnern wir uns nun an die festgesetzte Lage der ε^1— und η^1—Axe gegen die

$\xi-$ und $\eta-$Axe, so zeigt sich, dass der Parallelismus entsprechender Fortschritte ausgedrückt wird durch

$$\frac{df}{dF} = -\frac{d\eta}{d\xi}$$

Wir erhalten demnach die in $\frac{d\eta}{d\xi}$ quadratische Gleichung

8) $$\left(\frac{d\eta}{d\xi}\right)^2 - \frac{\frac{\partial f}{\partial \eta} + \frac{\partial F}{\partial \xi}}{\frac{\partial f}{\partial \xi}} \frac{d\eta}{d\xi} = 1$$

oder

9) $$\operatorname{tg}\gamma = \frac{d\eta}{d\xi} = \frac{\frac{\partial f}{\partial \eta} + \frac{\partial F}{\partial \xi}}{2\frac{\partial f}{\partial \xi}} \pm \sqrt{\left(\frac{\frac{\partial f}{\partial \eta} + \frac{\partial F}{\partial \xi}}{2\frac{\partial f}{\partial \xi}}\right)^2 + 1}$$

oder, wenn man für $\operatorname{tg}^2\gamma$ den Ausdruck $1 - 2\frac{\operatorname{tg}\gamma}{\operatorname{tg}2\gamma}$ substituirt,

$$\operatorname{tg}2\gamma = -2\frac{\frac{\partial f}{\partial \xi}}{\frac{\partial f}{\partial \eta} + \frac{\partial F}{\partial \xi}}$$

Es giebt also für jeden Punkt der Ebene des Reellen zwei auf einander senkrechte Richtungen, denen die entsprechenden in der Ebene des Imaginären parallel sind. Wir wollen sie die ausgezeichneten Richtungen nennen. Bewegt sich nun ein Punkt in der Ebene des Reellen so, dass er stets eine ausgezeichnete Richtung verfolgt, so beschreibt er eine Curve. Solcher Curven gehen durch jeden Punkt der Ebene ein oder mehrere Paare, die auf einander senkrecht stehen. So erhalten wir zwei Curvensysteme, die sich unter rechten Winkeln schneiden.

Dasselbe gilt für die Ebene des Imaginären und jede Parallelebene. Die Gleichungen dieser Curven ergeben sich durch Integration von (9), nachdem die rechte Seite als Function von ξ und η dargestellt ist. Die Integrationsconstante charakterisirt die einzelne Curve. Verbinden wir zwei entsprechende Punkte der Ebenen des Reellen und Imaginären durch einen Strahl, und lassen wir den einen Punkt in der Ebene des Reellen sich auf einer unserer Curven bewegen und dem entsprechend auch den Punkt in der Ebene des Imaginären fortrücken, so beschreibt der sie verbindende Strahl eine abwickelbare Fläche und umhüllt eine Curve, die Rückkehrkante der abwickelbaren Fläche. Lassen wir nun unsere Curve in der Ebene des Reellen in eine andere übergehen, dadurch dass jeder Punkt auf einer Curve des andern Systems fortrückt, so bewegt sich gleichzeitig die abwickelbare Fläche, und ihre Rückkehrkante beschreibt eine Fläche, die wir Leitfläche der imaginären Curve nennen. Jeder Punkt der Raumcurve beschreibt bei der Bewegung eine andere Curve. Wir haben also auf der Leitfläche zwei Curvensysteme, welche denen in den Ebenen des Reellen und Imaginären entsprechen. Die Strahlen, welche zugeordnete Punkte der Ebenen verbinden, berühren die Leitfläche; denn sie sind Tangenten von Curven auf der Fläche. Vertauschen wir nun die Curvensysteme in der Ebene des Reellen, so gelangen wir auf dieselbe Weise zu einer zweiten Leitfläche, womit nicht ausgeschlossen ist, dass beide Leitflächen nur Mäntel einer einzigen Fläche seien. Eine Schaar gemeinsamer Tangenten dieser Flächen vermittelt die Abbildung der Ebenen auf einander und auf den Leitflächen. Zu erwähnen ist noch der Specialfall, wo alle Rückkehrkanten sich in einen Punkt zusammenziehen. Dann beschreiben sie bei ihrer Bewegung statt einer Fläche eine Leitcurve. Dies war bei der imaginären Geraden der Fall. Dann tritt an die Stelle des Berührens der Leitflächen das Schneiden der Leitcurven. Wir sahen, dass die Leitlinien einer imaginären Geraden gleich weit nach entgegengesetzten Seiten von der Ebene E entfernt sind. Um zu entscheiden, ob etwas Aehnliches allgemein stattfindet, suchen wir den Quotienten

$$q = \frac{ds'}{ds}$$

zusammengehöriger Fortschritte auf den Curven in den Ebenen des Reellen und Imaginären. Giebt $\eta' = \psi(\xi)$ den Zusammenhang zwischen η' und ξ an für zusammengehörige Punkte einer Curve in der Ebene des Reellen und der entsprechenden in der Ebene des Imaginären, so ist

$$q = \frac{d\psi}{d\xi} = \frac{\partial F}{\partial \xi} + \frac{\partial F}{\partial \eta} \operatorname{tg}\gamma$$

Setzt man den hieraus folgenden Werth von $\operatorname{tg}\gamma = \frac{d\eta}{d\xi}$ in (8) ein und berücksichtigt (6) und (7), so erhält man die quadratische Gleichung für q:

$$q^2 + \left(\frac{\partial f}{\partial \eta} - \frac{\partial F}{\partial \xi}\right)q + 1 = 0,$$

von deren Wurzeln die eine das Reciproke der andern ist. Hieraus folgt, dass die beiden Berührungspunkte eines Abbildungsstrahles mit den Leitflächen gleich weit nach entgegengesetzten Seiten von E entfernt sind. Die eine Leitfläche befindet sich ganz auf der einen, die andere auf der andern Seite der Ebene E. Um uns nun in Betreff der Curven und Flächen bequemer ausdrücken zu können, setzen wir folgende Bezeichnungen fest:

Die Leitfläche, welche auf derselben Seite von E liegt wie die Ebene des Reellen, heisse die Leitfläche des Reellen S. Die andere sei die Leitfläche des Imaginären S'. Die Curven, in welchen man in der Ebene des Reellen fortschreiten muss, um eine Curve auf S durch den Abbildungsstrahl zu umhüllen, seien s_i genannt, die entsprechenden Curven in der Ebene des Imaginären s'_i, auf S σ_i, auf S' σ'_i. Die Curven dagegen, in denen man in der Ebene des Reellen fortschreiten muss, um eine Curve in S' zu enthüllen, seien durch s_r bezeichnet, die entsprechenden in der Ebene des Imaginären durch s'_r, auf S durch σ_r, auf S' durch σ'_r.

Durch die Strahlen, welche entsprechende Punkte verbinden, werden auch alle andern Ebenen des Raumes auf einander abgebildet. Von diesen sind ausgezeichnet die Ebene E und die unendlichferne Ebene U, da sie von den Ebenen des Reellen und Imaginären gleichen Abstand haben. Es ergiebt sich nun, dass die Abbildung dieser beiden Ebenen auf einander allein eine nähere Untersuchung verdient. Wir nehmen in der Ebene E das Coordinatensystem w//ξ,z//η an, so dass

10) $$w = \frac{\xi - \eta'}{2}, \quad z = \frac{\eta + \xi'}{2}.$$

Statt der unendlichfernen Ebene substituiren wir

eine ihr ähnliche U', die entsteht, wenn wir zu jedem Strahle durch einen beliebigen Punkt P eine Parallele ziehen und das entstandene Strahlenbündel durch eine Ebene U' schneiden, die der Ebene E parallel ist und von P ebensoweit nach derselben Seite entfernt ist, wie E vom Anfangspunkte des Imaginären. In der Ebene U' mögen die Coordinatenaxen $u//\xi, v//\eta$ so angenommen sein, dass

11) $$u = \frac{\xi + \eta'}{2}, \quad v = \frac{\eta - \xi'}{2}.$$

Aus den Gleichungen (10) und (11) folgt

12) $$\begin{cases} \xi = u + w, & \eta = z + v \\ \xi' = z - v, & \eta' = u - w \end{cases}$$

Wenn man u und v als Functionen von w und z ansieht, so ergeben sich aus (12) durch partielle Differentiation

$$\frac{\partial \Phi}{\partial \xi} = \frac{2\frac{\partial v}{\partial w}}{M}, \quad \frac{\partial \Phi_1}{\partial \xi'} = \frac{2\frac{\partial u}{\partial z}}{M},$$

$$\frac{\partial \Phi}{\partial \xi'} = \frac{\left(1 + \frac{\partial v}{\partial z}\right)\left(1 + \frac{\partial u}{\partial w}\right) - \frac{\partial v}{\partial w}\frac{\partial u}{\partial z}}{M},$$

$$\frac{\partial \Phi_1}{\partial \xi} = \frac{\left(\frac{\partial u}{\partial w} - 1\right)\left(1 - \frac{\partial v}{\partial z}\right) + \frac{\partial u}{\partial z}\frac{\partial v}{\partial w}}{M},$$

$$M = \left(\frac{\partial u}{\partial w} + 1\right)\left(1 - \frac{\partial v}{\partial z}\right) + \frac{\partial u}{\partial z}\frac{\partial v}{\partial w}.$$

Setzt man diese Werthe in (3) ein, so ergiebt sich

$$\frac{\partial v}{\partial w} = \frac{\partial u}{\partial z}, \quad \frac{\partial u}{\partial w} = -\frac{\partial v}{\partial z}.$$

Mithin ist v+in eine Function von w+iz. Setzen wir deshalb

13) $\begin{cases} w=\alpha, & z=\alpha', \quad v=\beta, \quad u=\beta', \\ \alpha+i\alpha'=a, & \beta+i\beta'=b, \end{cases}$

so muss eine Gleichung

$$W(a,b) = 0$$

bestehen. Diese ist auch leicht zu finden; denn wegen (12) und (13) ist

14) $\begin{cases} \xi=\beta'+\alpha, \eta=\beta+\alpha', \xi'=-\beta+\alpha', \eta'=\beta'-\alpha \\ x=a-ib \qquad\qquad y=b-ia \end{cases}$

Es ist also

15) $\qquad 0 = W(a,b) = S(a-ib, b-ia)$,

wenn $S(x,y) = 0$ die Gleichung unserer imaginären Curve ist. Durch dieselben Strahlen wird die Ebene E auf der Ebene U' und die Ebene des Reellen auf der des Imaginären abgebildet. Zwischen diesen Abbildungen besteht der bemerkenswerthe Unterschied, dass im letztern Falle die zu derselben Variabelen z. B. x gehörigen reellen und imaginären Theile (ξ und ξ') in verschiedenen Ebenen dargestellt sind, während im erstern Falle jede der Variabelen a und b eine besondere Ebene einnimmt.

Aus dem, was wir über die Coordinatensysteme bestimmt haben, folgt

$$\xi // -\eta' // \alpha // \beta', \quad \eta // \xi' // \alpha' // \beta$$

Die Ebene U' hat also gegen die Ebene E eine umgeklappte Lage. Dies hat die Folge, dass, wenn man um einen Punkt a_0 der Ebene E einen unendlich kleinen Fortschritt **da** rotiren lässt, der entsprechende **db** in der Ebene U' im entgegengesetzten Sinne mit gleicher

Winkelgeschwindigkeit rotirt, sobald $\frac{db}{da}$ weder o noch ∞ ist. Wir gehen von der Lage I (Fig. 9) aus, wo die Richtung von **db** den rechten Coordinatenwinkel halbirt. Dann bilden **db** und **da** den Winkel 2ε mit einander, den sie beständig einschliessen würden, wenn die Ebene U' um die Halbirungslinie des Coordinatenwinkels 180° gedreht würde. Es ist daher, weil $\frac{db}{da} = \frac{\partial \beta}{\partial \alpha} + i \frac{\partial \beta'}{\partial \alpha}$

$$\operatorname{tg} 2\varepsilon = \frac{\frac{\partial \beta'}{\partial \alpha}}{\frac{\partial \beta}{\partial \alpha}}$$

Bei der Rotation von **da** kommen 4 Lagen: II, III, IV, V vor, wo **da** und **db** parallel werden. In II und III sind **da** und **db** gleich gerichtet, in den dazu senkrechten Lagen IV und V entgegengesetzt gerichtet. Diese Richtungen müssen mit den ausgezeichneten Richtungen in der Ebene des Reellen übereinstimmen. Wir nennen daher, wie oben, γ den Winkel, den **da** in der Lage II mit der α—Axe bildet. Es ist dann $\gamma = 45° - \varepsilon$,

$$\operatorname{tg} 2\gamma = \operatorname{ctg} 2\varepsilon = \frac{\frac{\partial \beta}{\partial \alpha}}{\frac{\partial \beta'}{\partial \alpha}}$$

16) $$\operatorname{tg} \gamma = \frac{-\frac{\partial \beta'}{\partial \alpha} \pm \sqrt{\varDelta}}{\frac{\partial \beta}{\partial \alpha}}$$

$$\varDelta = \left(\frac{\partial \beta}{\partial \alpha}\right)^2 + \left(\frac{\partial \beta'}{\partial \alpha}\right)^2.$$

Auch in den Ebenen E und U′ giebt es je zwei Curvensysteme, welche wir bezüglich mit p_r, p_i, q_r, q_i bezeichnen, so dass die Indices mit denen der entsprechenden Curven s, s', σ, σ' übereinstimmen. Wir wollen endlich noch den Punkt einer Leitfläche bestimmen, welcher einem gegebenen Punkte der Ebene E zugeordnet ist. Schreiten wir auf einer Curve p_i fort, so sind die Zunahmen von ξ und η' nach (14)
$$d\xi = d\beta' + d\alpha, \quad d\eta' = d\beta' - d\alpha.$$
Nun verhalten sich die Fortschritte auf den Curven s'_i und s_i
$$\frac{ds'_i}{ds_i} = \frac{-d\eta'}{d\xi} = \frac{-d\beta' + d\alpha}{d\beta' + d\alpha}.$$
Ist nun λ das Abstandsverhältniss des gesuchten Punkts der Leitfläche und der Ebene des Reellen von E (Vergl. § 4), so ist
$$\frac{\lambda+1}{\lambda-1} = \frac{ds'_i}{ds_i} = \frac{d\alpha - d\beta'}{d\alpha + d\beta'},$$
$$\lambda = -\frac{d\alpha}{d\beta'} = -\frac{1}{\frac{\partial \beta'}{\partial \alpha} + \frac{\partial \beta'}{\partial \alpha'} \operatorname{tg} \gamma}$$
Nach der Einführung des Werthes von $\operatorname{tg}\gamma$ aus (16) erhält man

17) $$\lambda = \frac{1}{\pm\sqrt{\Delta}}$$

Das Doppelzeichen entspricht den beiden Leitflächen. Wir sehen aufs Neue, dass die beiden Punkte gleich weit nach entgegengesetzten Seiten von der Ebene E abstehen. Wir sehen ferner, dass $\lambda = \infty$, wenn $\frac{db}{da} = 0$, und nur dann, und dass $\lambda = 0$, wenn $\frac{db}{da} = \infty$. Die Ebenen E und U haben nur einzelne (reelle) Punkte mit den Leitflächen gemein, und dies sind die Windungspunkte der einen Ebene, wenn sie durch $W(a,b) = 0$ auf der andern abgebildet wird.

§ 7. Der imaginäre Kreis.

Die Gleichung des imaginären Kreises sei
1) $\qquad S(x,y) = (x-m)^2 + (y-n)^2 - r^2 = 0$.

Wir führen statt x und y (§ 16, 15) die Variabelen a und b ein:

2) $\qquad (a - ib - [a_0 - ib_0])^2 + (b - ia - [b_0 - ia_0])^2 = r^2$,

wo a_0 und b_0 aus den Coordinaten des Mittelpunkts m, n ebenso gebildet sind, wie a und b aus x und y. Die Gleichung (2) geht über in
$$4i(a-a_0)(b-b_0) + r^2 = 0.$$

Setzen wir
$$\alpha - \alpha_0 = \alpha_1,\ \alpha' - \alpha'_0 = \alpha'_1,\ \beta - \beta_0 = \beta_1,\ \beta' - \beta'_0 = \beta'_1,$$
so ergiebt die Trennung des Reellen und Imaginären

3) $\qquad \begin{cases} -4\alpha'_1\beta_1 - 4\alpha_1\beta'_1 = \rho'^2 - \rho^2 \\ 4\alpha_1\beta_1 - 4\alpha'_1\beta'_1 = -2\rho\rho', \end{cases}$

wo $r = \rho + i\rho'$. Es folgt hieraus
$$\frac{\partial \beta}{\partial \alpha} = \frac{\partial \beta_1}{\partial \alpha_1} = \frac{2\rho\rho'(\alpha_1^2 - \alpha_1'^2) - 2\alpha_1\alpha_1'(\rho^2 - \rho'^2)}{4(\alpha_1^2 + \alpha_1'^2)^2}$$
$$\frac{\partial \beta'}{\partial \alpha} = \frac{\partial \beta'_1}{\partial \alpha} = \frac{(\rho^2 - \rho'^2)(\alpha_1'^2 - \alpha_1^2) - 4\alpha_1\alpha_1'\rho\rho'}{4(\alpha_1^2 + \alpha_1'^2)^2}$$
$$\sqrt{\varDelta} = \frac{(\rho^2 + \rho'^2)(\alpha_1^2 + \alpha_1'^2)}{4(\alpha_1^2 + \alpha_1'^2)^2}$$

Hieraus ergiebt sich für tgγ entweder

4) $$\operatorname{tg}\gamma = \frac{\rho\alpha_1 + \rho'\alpha_1'}{\rho'\alpha_1 - \rho\alpha_1'}$$

oder

5) $$\operatorname{tg}\gamma = -\frac{\rho'\alpha_1 - \rho\alpha_1'}{\rho\alpha_1 + \rho'\alpha_1'}$$

Die Curven p_r haben die Differentialgleichung
$$(\rho'\alpha_1 - \rho\alpha_1')d\alpha_1' = (\rho\alpha_1 + \rho'\alpha_1')d\alpha_1,$$
deren Integral ist

$$\rho'\operatorname{arctg}\frac{\alpha_1'}{\alpha_1} - \frac{\rho}{2}\lg(\alpha_1^2 + \alpha_1'^2) = c_r$$

oder nach Einführung der Polarcoordinaten $\operatorname{arctg}\frac{\alpha'}{\alpha} = \varphi$, $\alpha^2 + \alpha'^2 = R^2$.

6) $$R = e^{\frac{\rho'}{\rho}\varphi - \frac{c_r}{\rho}}$$

Ebenso ergiebt sich für die Curven p_i die Polargleichung

7) $$R = e^{\frac{\rho}{\rho'}\left(\frac{\pi}{2} - \varphi\right) - \frac{c_i}{\rho'}}$$

Die Integrationsconstanten c_r und c_i charakterisiren die einzelne Curve. Die Curven p_r und p_i sind unter sich congruent und entstehen aus einander durch Drehung um den Pol. Diese logarithmischen Spiralen sind dieselben, welche wir schon bei Gelegenheit des complexen Winkels kennen lernten. Durch ganz ähnliche Rechnungen könnten wir auch die Curven q_r und q_i erhalten und würden zu analogen Resultaten gelangen. Wir begnügen uns jedoch damit, die Leitflächen abzuleiten, da diese am geeignetsten sind, das System der Geraden zu veranschaulichen, welches den imaginären Kreis darstellt. Wir nehmen zu dem Zwecke ein räumliches Coordinatensystem an, dessen X—Axe mit der α_1—Axe, dessen Y—Axe mit der α_1'—Axe und dessen Z—Axe mit der Geraden zusammenfällt, die den imaginären Mittelpunkt darstellt, so dass die positive Richtung von der Ebene des Imaginären nach der des Reellen geht. Sind dann $(X_0 Y_0 Z_0), (X_1 Y_1 Z_1)$ zwei Raumpunkte, so findet man leicht, dass ihre Verbindungslinie charakterisirt ist durch

$$\alpha_1 = \frac{Z_1 X_0 - Z_0 X_1}{Z_1 - Z_0}, \quad \alpha_1' = \frac{Z_1 Y_0 - Y_1 Z_0}{Z_1 - Z_0}$$

$$\beta_1 = \frac{Y_1 - Y_0}{Z_1 - Z_0} d, \quad \beta_1' = \frac{X_1 - X_0}{Z_1 - Z_0} d,$$

wo d den halben Abstand der Ebenen des Reellen und Imaginären von einander bedeutet. Führen wir diese Werthe in die Gleichungen (3) ein, so erhalten wir

I) $0 = Z_0 (Y_1^2 + X_1^2) - Y_0 (Z_1 - Z_0) Y_1 - X_0 (Z_1 - Z_0) X_1 +$
$(Y_0^2 + X_0^2) Z_1 + \frac{\rho^2 - \rho'^2}{4d} . (Z_1 - Z_0)^2.$

II) $0 = (Z_1 - Z_0)(X_0 Y_1 - Y_0 X_1 + \frac{\rho \rho'}{2d}(Z_1 - Z_0))$

Betrachten wir in diesen Gleichungen X_0, Y_0, Z_0 als constant, so stellen sie einen Kegel und ein Ebenenpaar vor. Die Kante des Ebenenpaares geht durch (X_0, Y_0, Z_0), wo die Spitze des Kegels liegt. Der Kegel artet für $Z_0 = 0$ ebenfalls in ein Ebenenpaar aus, zu welchem die Ebene $Z_1 = 0$ gehört. Die Geraden, in denen der Kegel I das Ebenenpaar II schneidet, sind Gerade des Systems. Es ist nun leicht zu sehen, dass die Ebene $Z_1 - Z_0 = 0$ den Kegel im Allgemeinen nur in der Spitze trifft. Wir können daher die Ebene $Z_1 - Z_0 = 0$ ganz ausser Betracht lassen, weil nur reelle Schnittlinien imaginäre Punkte darstellen. Eine Ausnahme findet nur statt für $Z_0=0$. Dann fallen die beiden Ebenen $Z_1=0$ zusammen, was mit einer Berührung gleichbedeutend ist. Die Ebene E ist also ein Bestandtheil der Leitfläche; denn alle Geraden derselben sind Gerade des Systems. Durch jeden Punkt des Raumes (X_0, X_0, Z_0) gehen im Allgemeinen zwei Strahlen. Diese fallen zusammen, wenn die Ebene

$$X_0 Y_1 - Y_0 X_1 + \frac{\rho \rho'}{2d}(Z_1 - Z_0) = 0$$

den Kegel berührt. Dann ist aber (X_0, Y_0, Z_0) ein Punkt der Leitfläche.

Stellen wir also die Bedingung dieser Berührung auf, so erhalten wir die Gleichung der Leitfläche. Statt der Ebene und des Kegels kann man auch ihre Durchschnitte mit einer beliebigen Ebene, etwa $Z+Z_0=0$, betrachten. Diese Durchschnitte sind

$$X_1^2 + Y_1^2 = X_0^2 + Y_0^2 + \frac{\rho'^2 - \rho^2}{d} Z_0$$

$$X_0 Y_1 - Y_0 X_1 = \frac{\rho \rho'}{d} Z_0$$

Die Bedingung für die Berührung dieses Kreises und dieser Geraden ist

$$\frac{\rho \rho' Z_0^2}{d^2(X_0^2 + Y_0^2)} = \frac{\rho'^2 - \rho^2}{d} Z_0 + Y_0^2 + X_0^2.$$

Die Gleichung zerfällt in

$$X_0^2 + Y_0^2 + \frac{\rho'^2}{d} Z_0 = 0 \quad , \quad X_0^2 + Y_0^2 - \frac{\rho^2}{d} Z_0 = 0$$

Dies sind Paraboloïde, welche durch Parallelebenen

zur Ebene E in Kreisen geschnitten werden. Sie berühren sich und die Ebene E in dem Punkte X=0, Y=0, Z=0, wo die Gerade, welche den imaginären Mittelpunkt darstellt, die Ebene E schneidet. Diese Gerade, welche wir Mittelpunktslinie nennen wollen, ist ein Durchmesser beider Paraboloïde und geht durch die Mittelpunkte der eben erwähnten Kreisschnitte. Die Ebene des Reellen schneidet die Leitfläche des Reellen in einem Kreise

$$X^2+Y^2=\rho^2,$$

dessen Radius dem reellen Theile des complexen Radius gleich ist. Ebenso schneidet die Ebene des Imaginären die Leitfläche des Imaginären in einem Kreise

$$X^2+Y^2=\rho'^2,$$

dessen Radius dem imaginären Theile des complexen Radius gleich ist. Ausser der Ebene E und den beiden Paraboloïden kann man auch die unendlich ferne Ebene zur Leitfläche rechnen; denn für $Z_1=Z_0=\infty$ geht I über in $Z_1-Z_0=0$, so dass I und II erfüllt sind. Setzen wir $\rho'=0$, so geht die Gleichung (6) über in

$$R=e^{-\frac{c_r}{\rho}}$$

Das ist ein Kreis. Die Gleichung (7) erheben wir zunächst auf die ρ'te Potenz und erhalten dann für $\rho'=0$

$$1=e^{\rho\left(\frac{\pi}{2}-\varphi\right)-c_i}$$

oder

$$\varphi=\frac{\pi}{2}-\frac{c_i}{\rho}.$$

Dies ist ein Radius. Unsere Curvensysteme p·, p·,

bestehen also aus concentrischen Kreisen und ihren Radien.

Aehnlich sind die Curvensysteme in den Ebenen des Reellen und Imaginären beschaffen. Die Leitfläche des Reellen schneidet die Ebene des Reellen in dem darzustellenden reellen Kreise. Die Leitfläche des Imaginären zieht sich auf die Mittelpunktslinie zusammen. Die imaginären Punkte des reellen Kreises werden durch die Tangentenlinien des Paraboloïdes dargestellt, welche die Mittelpunktslinie schneiden.

Wir wollen nun an einigen Beispielen die Anwendbarkeit unserer Methode zur Darstellung unanschaulicher Verhältnisse zeigen.

Zunächst wollen wir die Schnittpunkte einer reellen Geraden und eines reellen Kreises für den Fall darstellen, dass sie imaginär sind. Die Leitlinien des Imaginären der beiden reellen Gebilde schneiden sich im Anfangspunkte des Imaginären. Die gesuchten Geraden, welche die imaginären Schnittpunkte darstellen, müssen nun entweder durch den Schnittpunkt der Leitlinien des Imaginären gehen, oder in ihrer Ebene liegen. Im erstern Falle würden sie reelle Punkte darstellen, was wir ausgeschlossen haben. Wir wählen deshalb die Ebene der Leitlinien des Imaginären zur Ebene der Zeichnung (Fig. 10). Diese schneidet die Leitfläche des Reellen in einer Parabel, die Leitlinie des Reellen der reellen Geraden in einem Punkte A. Die zu suchenden Geraden P_1, P_2 müssen durch A gehen und die Parabel berühren. Die Aufgabe kommt also darauf hinaus, von einem Punkte Tangenten an eine Parabel zu legen. Die Tangenten

AC und AD stellen die gesuchten imaginären Schnittpunkte dar. Es ergiebt sich ferner leicht dass O'C=O'D und gleich der Tangente ist, die von A an den Kreis gelegt werden kann. Dies giebt eine leichte Construction der Geraden AC und AD an die Hand. Nähert sich A dem Kreise, so nähern sich die Geraden P_1 und P_2 einander, bis sie zusammenfallen, wenn A in die Peripherie des Kreises rückt, und stellen dann den reellen Berührungspunkt dar. Bei weiterer Annäherung von A an den Mittelpunkt trennen sich P_1 und P_2 wieder, aber so, dass ihr Schnittpunkt jetzt im Anfangspunkte des Imaginären liegt, und dass sie durch die reellen Schnittpunkte gehen, die sie darstellen. Entfernt sich dagegen A immer weiter vom Mittelpunkte, so nähert sich P_1 immer mehr der Ebene E, während P_2 mit A zugleich ins Unendliche rückt. Die unendlich fernen imaginären Kreispunkte werden also dargestellt durch zwei Gerade, von denen die eine in der Ebene E, die andere in der unendlich fernen Ebene liegt. Nun ist aber leicht zu sehen, dass jede Gerade der Ebene E den einen, jede Gerade der unendlich fernen Ebene den andern imaginären Kreispunkt darstellt. Denn erstens kann es auf die Richtung nicht ankommen, weil diese von der Richtung der Geraden abhängt, die wir ins Unendliche rücken liessen. Zweitens haben wir oben gesehen, dass wenn eine Gerade einen unendlich fernen imaginären Punkt darstellt, alle ihre Parallelen, die denselben Abstand von der Ebene E haben, denselben imaginären Punkt darstellen. Die imaginären unendlich fernen Kreispunkte zeichnen sich also dadurch aus, dass sie durch eine zweifach unendliche Menge von Geraden dargestellt werden, während alle übrigen unendlich fernen Punkte nur je durch eine einfach unendliche Schaar von Geraden, und die Punkte im Endlichen nur durch je Eine Gerade dargestellt werden. Es mögen die unendlich fernen Kreispunkte in der Folge immer durch E und U bezeichnet werden, jenachdem die Geraden, welche sie darstellen, in der Ebene E oder in der unendlich fernen Ebene liegen.

Wir wollen noch einige Constructionen ausführen, die sich auf die imaginären Kreispunkte beziehen.

In § 3, als es sich um die Verbindungslinie imaginärer Punkte handelte, hatten wir vorläufig den Fall ausgeschlossen, dass die Geraden, welche die imaginären Punkte darstellen, in den Ebenen E oder U liegen. Dann stellen sie die unendlich fernen imaginären Kreispunkte dar. Es giebt nur zwei Fälle, wo die Leitlinien einer imaginären Geraden sich schneiden entweder, wenn sie in der Ebene E, oder wenn sie in der Ebene U liegen. Dann geht die imaginäre Gerade durch einen der unendlich fernen Kreispunkte. Wollen wir also einen im Endlichen liegenden imaginären Punkt A mit E verbinden, so müssen wir durch den Durchschnitt der Geraden, welche A darstellt, mit der Ebene E in dieser Ebene zwei sich rechtwinklig schneidende Gerade ziehen. Die Richtung bleibt willkürlich. Es kommt auch bei allen weiteren Constructionen nur auf den Schnittpunkt der Leitlinien an, sodass man sagen kann:

Eine imaginäre Gerade, die durch E geht, wird

durch einen Punkt in der Ebene E dargestellt oder durch das von ihm ausgehende Strahlenbündel.

Dasselbe gilt für den imaginären Punkt U und die unendlich ferne Ebene, sodass man sagen kann: Eine imaginäre Gerade, die durch U geht, wird durch eine Richtung oder ein Parallelstrahlenbündel dargestellt.

Sollen wir also eine imaginäre Gerade g, die durch E geht, mit einer andern h, die durch U geht, zum Durchschnitt bringen, so haben wir durch den Punkt in der Ebene E, welche g darstellt, eine Gerade in der Richtung zu ziehen, durch welche h dargestellt wird.

Um ein Beispiel von der Anwendung dieser Sätze zu geben, construiren wir ein vollständiges Viereck für den Fall, dass zwei der Ecken die imaginären Kreispunkte E und U sind. Eine Uebersicht der Construction giebt Fig. 11 unter der Voraussetzung, dass Alles reell sei. In der Figur 12, welche unsern Fall darstellt, sind die entsprechenden Elemente durch dieselben Buch staben wie in Fig. 11 bezeichnet. Die Leitlinien des Imaginären der imaginären Geraden sind durch einen obern Index hervorgehoben. Die Pfeile geben die Richtungen an, durch welche imaginäre Gerade dargestellt werden, die durch U gehen. Wir nehmen zuerst A beliebig an und verbinden A mit E und U. a ist durch einen Punkt in der Ebene E, b durch eine Richtung dargestellt. Wir nehmen dann einen imaginären Punkt F an, den wir ebenfalls mit E und U verbinden und bringen c und a zum Durchschnitt in B, weiter b und d zum Durchschnitt in C, sodass (Fig. 12) A//C, B//F. Verbinden wir dann B mit C durch eine imaginäre Gerade, deren Leitlinien c und c′ sind, so werden die durch c und c′ gelegten Parallelen zu E von den Geraden A, B, C, F in den Ecken zweier congruenten Parallelogramme geschnitten. Diese müssen Rhomben sein, damit c′ $\perp$ c sei. Endlich verbinden wir A mit F. Führen wir für die Leitlinien f und f′ dieselbe Betrachtung durch wie für c und c′, so schliessen wir, dass die durch f und f′ gelegten Parallelebenen zur Ebene E die Geraden A,B, C,F in den Eckpunkten von congruenten Rhomben schneiden. Daraus folgt, dass f mit c und f′ mit c′ in einer Ebene liegt, und dass als Diagonalen eines Rhombus c senkrecht zu f und c′ zu f′ ist. Dann stehen auch die imaginären Geraden c und f selber senkrecht auf einander. Dasselbe gilt demnach auch von g und f, da D ein unendlich ferner Punkt ist. Nun sind g und f harmonisch zu a und b; wir erhalten daher den Satz, dass zwei Gerade senkrecht auf einander stehen, wenn sie zu den Geraden harmonisch sind, die nach den unendlich fernen Kreispunkten gehen. Dieser Satz, der sonst analytisch abgeleitet wird, ergiebt sich hier aus ganz elementaren geometrischen Sätzen. Wir können noch einen Schritt weiter gehen. Fällt f mit a zusammen, so fällt auch g mit a zusammen, und es muss nach dem oben angegebenen Satze a auf sich selber senkrecht stehen. Auch dies Räthsel löst sich durch unsere Darstellungsart auf höchst einfache Weise. Wir sahen schon, dass die Leitlinien von a in derselben Ebene E liegen. Da sie nun ausserdem auf einander senkrecht stehen, so kann man mit Recht sagen, dass a auf sich selber senkrecht sei.

Diese Beispiele mögen genügen, um zu zeigen, wie sich Sätze der ebenen Geometrie in unsere Darstellungsweise übertragen lassen, und wie dabei ganz unanschauliche, ja jeder Anschauung widerstreitende Beziehungen in sehr einfacher Weise sichtbar gemacht werden.

§ 8. Von den Berührungen.

Um die Tangenten einer Curve für einen Punkt P zu finden, verbindet man ihn mit einem andern Curvenpunkte und bestimmt die Grenzlage dieser Geraden, welcher sie sich nähert, wenn der zweite Punkt sich gegen den ersten bewegt. Ist nun die Curve eine imaginäre, so giebt es unendlich viele Weisen, wie der zweite Punkt dem ersten genähert werden kann. Doch muss man auf allen diesen Wegen stets zu derselben Tangente gelangen, wie man aus dem Satze schliessen kann, dass der Differentialquotient einer Function einer complexen Varialelen unabhängig von der Richtung der Zunahme ist, welche man der unabhängig Veränderlichen ertheilt. Denken wir uns nun, die Annäherung geschähe so, dass die Gerade B, welche den zweiten imaginären Punkt darstellt, sich von einer Curve σ_r' (§ 6) abwickele, dann geht die Leitlinie des Imaginären der imaginären Tangente durch den Schnittpunkt von B mit A, wenn A den festen imaginären Curvenpunkt darstellt. Dieser Schnittpunkt geht beim Grenzübergang c in den Berührungspunkt von A mit S' über. Die Leitlinie des Reellen liegt in der Ebene von A und B, welche S berührt. Durch Vertauschung von σ'_r mit σ_i, von S' mit S kommen wir zu einem analogen Resultate, in welchem die Leitlinien des Reellen und Imaginären mit einander vertauscht sind. Durch Zusammenfassung beider Ergebnisse erkennen wir, dass die Leitlinie des Reellen die Fläche S, die des Imaginären S' berührt in denselben Punkten, wo dies durch die Gerade A geschieht, welche den imaginären Berührungspunkt darstellt. Da die Leitlinien der imaginären Tangente senkrecht auf einander stehen, so erhält man folgenden Satz:

Projicirt man die Umrisse der Leitflächen von einem beliebigen Punkte P aus auf die Ebene E, so schneidet die entstehende Curve sich selber so oft unter rechtem Winkel, als Strahlen des Systems durch P gehen.

Die Leitlinien der imaginären Tangente, sind den Hauptrichtungen des entsprechenden Punktes in der Ebene des Reellen parallel, und zwar die Leitlinie des Reellen den Richtungen von ds_r, ds'_r, dp_r, dq_r.

Zwei Curven berühren sich im ersten Grade, wenn sie einen Punkt und die Tangente in demselben gemein haben. Die Gerade A, die den imaginären Berührungspunkt darstellt, und die Leitlinie L der gemeinsamen Tangente bestimmen eine Ebene, welche die Leitflächen S_0 und S_1 der beiden imaginären Curven im Durchschnitte von A und L berührt. Eine Ausnahme könnte stattfinden, wenn die eine Leitfläche in dem betreffenden Punkte eine Spitze hätte. Diesen Fall schliessen wir aus. Die Leitflächen des Reellen berühren sich daher im ersten Grade, und dasselbe gilt von S'_0 und S'_1. Die Verbindungslinie der Berührungspunkte der Flächen stellt den imaginären Berührungspunkt dar.

Ist nun $Z=\chi(X,Y)$ die Gleichung der Leitfläche einer imaginären Curve, so kann man $\frac{\partial Z}{\partial X}$ und $\frac{\partial Z}{\partial Y}$ allgemein darstellen durch ξ, ξ', $\Phi(\xi,\xi')$, $\Phi_1(\xi,\xi')$ und durch die ersten partiellen Differentialquotienten von Φ und Φ_1, wenn wie früher
$$\eta + i\eta' = \Phi(\xi,\xi') + i\Phi_1'(\xi,\xi')$$
die Gleichung der imaginären Curve ist; denn wenn zwei imaginäre Curven für gleiche ξ und ξ' gleiche η und η' und gleiche $\frac{\partial \Phi}{\partial \xi}$ und $\frac{\partial \Phi_1}{\partial \xi}$ u. s. f. haben, so berühren sie sich, und folglich haben ihre Leitflächen auch gleiche $\frac{\partial Z}{\partial X}$ und $\frac{\partial Z}{\partial Y}$ in dem betreffenden Punkte. Hieraus ergiebt sich weiter, dass die nten partiellen Derivirten von Z nach X und Y von keinen höheren als den nten partiellen Derivirten von Φ und Φ_1 abhängen können. Geometrisch bedeutet dies, dass wenn zwei imaginäre Curven sich im nten Grade berühren, dasselbe von ihren Leitflächen gilt.

§ 9. Von der complexen Curvenlänge.

Wir hatten in § 4 eine geometrische Bedeutung für die Länge einer imaginären Geraden gefunden. Mit Hülfe dieses Satzes wollen wir nun versuchen, dasselbe für die imaginären Curven zu leisten.

Wir betrachten zuerst ein Element **dr** der Curvenlänge. Dieses kann man auch als Element der Tangente ansehen. Es ist nach § 4

1) $$dr = \frac{2}{\sqrt{\lambda}}(d\alpha + i d\alpha'),$$

wenn die Axen der α und α' den Leitlinien der imaginären Tangente parallel sind. Ist Letzteres nicht der Fall, so ist

2) $$dr = \frac{2}{\sqrt{\lambda}} da\, (\cos(-\gamma_0) + i \sin(-\gamma_0)),$$

wo γ_0 der Winkel ist, den die Leitlinie des Reellen der imaginären Tangente mit der α-Axe bildet, sodass nach § 6, 16

$$\operatorname{tg}\gamma_0 = \frac{-\frac{\partial \beta'}{\partial \alpha} + \sqrt{\Delta}}{\frac{\partial \beta}{\partial \alpha}}$$

In Folge der Drehung, welche der Factor

$$\cos(-\gamma_0) + i\, \sin(-\gamma_0)$$

andeutet, wird jedes Element einer Curve p_r der α-Axe, und jedes Element einer Curve p_i der α'-Axe parallel gemacht. Wenn man demnach die Ebene E mittels der Function R(a), welche die Curvenlänge angiebt, auf einer Ebene R abbildet, so verwandeln sich alle Curven p_r in Parallelen zur ρ-Axe und alle Curven p_i' in Parallelen zur ρ'-Axe, wenn $r = \rho + i\rho'$ die Punkte der Ebene R bestimmt. Dass die Curvenlänge als Function von a darstellbar ist, ergiebt sich leicht. Durch jeden Punkt der Ebene E gehen nämlich so viel Gerade des Systems, als die Ordnung n der imaginären Curve beträgt; denn jede stellt einen Schnittpunkt der imaginären Geraden dar,

die nach § 7 durch den betreffenden Punkt der Ebene E dargestellt wird. Hat man nun einen festen Anfangspunkt für die Curvenlänge gewählt, so hängt sie nur von dem Endpunkte ab; aber im Allgemeinen in vieldeutiger Weise. Der imaginäre Endpunkt hängt seinerseits n-deutig von a ab, sodass die Curvenlänge eine vieldeutige Function von a ist. Bewegen wir uns also auf einer Curve p_r, so beschreiben wir in der Ebene R gleichzeitig eine Vielheit von Parallelen zur ρ-Axe. Analoges gilt für die Curve p_i und die ρ'-Axe. Ist demnach
$$R(a)=P(\alpha,\alpha')+i P_1(\alpha,\alpha'),$$
so ist
$$P_1(\alpha,\alpha')=\rho'_1$$
die Gleichung einer Curve p_r, und
$$P_1(\alpha,\alpha')=\rho_1$$
die Gleichung einer Curve p_i wenn ρ'_1 und ρ_1 Constante sind. Dies sind also die Integrale der Differentialgleichungen § 6 (17). Wenn man die Constanten ρ'_1 und ρ_1 als rechtwinklige krummlinige Coordinaten ansieht, so kann man das Resultat auch so ausdrücken:

Die imaginäre Curvenlänge ist durch die Differenzen der krummlinigen Coordinaten der Punkte gegeben, in denen die Geraden, welche die imaginären Endpunkte darstellen, die Ebene E schneiden.

Hierbei ist zu bemerken, dass jeder Curve p_r oder p_i eine Vielheit von Constanten entspricht, und dass jeder Geraden, die durch einen Punkt a_0 der Ebene E geht, nur ein Paar Curven p_r und p_i zugeordnet ist, welche durch a_0 gehen.

Die Curven p_r und p_i umfassen alle Punkte der

Ebene E, denen solche imaginäre Curvenpunkte entsprechen, welche eine rein reelle, bezüglich rein imaginäre Bogenlänge unter einander begrenzen.

Man erhält die Funktion R(a), wenn man in dem Integrale $\int \sqrt{dx^2+dy^2}$ statt x und y die Grössen a—ib, b—ia nach § 6, (14) einführt, wodurch dasselbe übergeht in

$$R(a) = 2\sqrt{-i}\int\sqrt{da\,db} = 2\sqrt{-i}\int\sqrt{\frac{db}{da}}\,da,$$

wobei zwischen a und b die Gleichung

$$W(a,b) = 0$$

besteht. Es ist bemerkenswerth, dass die Curven p_r und p_i, welche auf die angegebene Art mit diesem Integrale zusammenhängen, geometrisch dadurch entstehen, dass man entsprechende Punkte in den Ebenen E und U, als Trägern der Variabelen a und b, verbindet und dann in der Ebene E so fortschreitet, dass die Gerade eine abwickelbare Fläche erzeugt.

§ 10. Ueber einige Eigenschaften der Leitflächen.

Die Methode, deren wir uns in § 7 zur Bestimmung der Gleichung der Leitfläche bestimmt haben, lässt sich allgemein anwenden. Werden die dort nach einander ausgeführten Substitutionen auf ein Mal gemacht, so erhält man

$$\xi = \frac{X_1(Z-d) + X(Z+d)}{2Z}$$

$$\xi' = \frac{Y_1(Z+d)+Y(Z-d)}{2Z}$$
$$\eta = \frac{Y_1(Z-d)+Y(Z+d)}{2Z}$$
$$\eta' = \frac{-X_1(Z+d)-X(Z-d)}{2Z}$$

Wenn man diese Werthe in die Gleichungen
$$\varphi(\xi,\xi',\eta,\eta')=0, \quad \varphi_1(\xi,\xi',\eta,\eta')=0$$
einsetzt und X_1, Y_1 allein als veränderlich betrachtet, so erhält man die Gleichungen zweier Curven (C_1, C_2) von derselben Ordnung wie die darzustellende imaginäre Curve. Die Bedingung dafür, dass diese Curven sich berühren, ist die Gleichung der Leitfläche in X,Y,Z.

So kann man die Leitfläche eines imaginären Kegelschnitts ohne Schwierigkeit aufstellen mit Hülfe der bekannten Formel, welche das Berühren zweier Kegelschnitte ausdrückt. Man erhält hierbei ausser der Leitfläche noch Theile, die nicht dazu gehören. Es können nämlich für einen reellen Punkt (X,Y,Z) die Curven C_1 und C_2 sich in einem imaginären Punkte berühren. In diesem Falle gehört (X,Y,Z) trotz der Berührung nicht zur Leitfläche, weil die Geraden des Systems immer reell sein müssen. Ausserdem erhält man die Ebene E als überflüssigen Bestandtheil, weil in ihr die Curven C_1, C_2 nothwendig in eine Anzahl Linien zerfallen, welche alle durch einen Punkt gehen.

Aus der Gleichung einer imaginären Curve in Liniencoordinaten kann auf folgende Weise die Orthogonalprojection der Umrisse ihrer Leitfläche auf eine beliebige zu E senkrechte Ebene gefunden werden. Als Co-

ordinaten der imaginären Geraden betrachten wir zu diesem Zwecke den senkrechten Abstand vom Anfangspunkte
$$r = \rho + i\rho'$$
und den Winkel
$$c = \gamma + i\gamma',$$
welchen derselbe mit der x-Axe bildet. Die Leitlinie des Reellen einer solchen imaginären Geraden bestimmen wir durch den Winkel $\psi = \gamma$, den sie mit der X-Axe bildet, und durch die rechtwinkligen Coordinaten Z und W ihres Durchschnitts mit einer Ebene, die senkrecht zu ihr durch die Z-Axe gelegt ist, wobei zur W-Axe die Kante dieser Ebene und der Ebene E (X,Y) genommen ist. Es ist dann nach § 4 und § 5

$$\rho = \sqrt{\frac{d}{Z}}\, W.$$

$$\gamma = \psi, \quad \gamma' = \tfrac{1}{2} \lg\left(\frac{d}{Z}\right).$$

ferner:
$$\sin c = \frac{(d+Z)\sin\psi}{2\sqrt{Zd}} + \frac{i(d-Z)\cos\psi}{2\sqrt{Zd}}.$$

wo 2d den Abstand der Ebenen des Reellen und Imaginären bedeutet. Wenn wir diese Werthe in die Gleichung der imaginären Curve einsetzen und das Reelle vom Imaginären trennen, so erhalten wir zwei Gleichungen, aus denen wir ρ' eliminiren. Diese Gleichung stellt in Z und W die Projection des Umrisses der Leitfläche dar auf eine Ebene, die durch den Winkel ψ bestimmt ist, den sie mit der XZ-Ebene bildet.

Man kann viele Eigenschaften der Leitfläche unmittelbar aus denen ihrer imaginären Curve ableiten. Die reellen Punkte einer reellen Curve werden durch die Erzeugenden eines Kegels dargestellt, dessen Spitze im Anfangspunkte des Imaginären liegt, und dessen Leitlinie die reelle Curve selber ist. Hieraus folgt, dass der Anfangspunkt des Imaginären eine Spitze der Leitfläche, und dass die reelle Curve der Durchschnitt der Leitfläche mit der Grundebene ist. Wenn eine imaginäre Curve durch eine lineare complexe Transformation in eine reelle verwandelt werden kann, so muss ihre Leitfläche eine Spitze haben, in welche der Anfangspunkt des Imaginären in Folge der Transformation rückt. Die Spitze kann so gefunden werden.

Die beiden Berührungspunkte einer Geraden G, die einen imaginären Curvenpunkt darstellt, können zusammenfallen. Dann liegen sie in der Ebene E oder U. Die Gerade berührt dann in diesem Punkte vierpunktig. Die Leitlinien der imaginären Tangente müssen auch durch diesen Punkt gehen und die Fläche dort berühren. Die Leitfläche muss also drei Linien in demselben Punkte berühren, die im Allgemeinen nicht in einer Ebene liegen. Dies ist nur möglich dadurch, dass die Leitfläche in P eine Spitze hat und sich der Geraden G eng anschliesst. Die Leitfläche durchdringt die Ebene E spitzenförmig in so vielen einzelnen Punkten, als die Klasse der darzustellenden imaginären Curve beträgt; denn jede Spitze entspricht einer Tangente vom imaginären Kreispunkte E. Wir sahen oben (§ 6), dass diese Spitzen Windungspunkte der Ebene E in Bezug auf die

Ebene U sind. Auf ähnliche Weise findet man, dass die Leitfläche sich ebensovielen Geraden asymptotisch nähert, indem sie sich zipfelförmig ins Unendliche erstreckt. Zwei dieser Spitzen oder Fortsätze können nur dann zusammenfallen, wenn die imaginäre Curve durch einen der imaginären Kreispunkte E und U geht, wobei der Spitzencharakter verloren geht, und an die Stelle des asymptotischen Verhaltens eine parabolische Erstreckung ins Unendliche tritt.

Die Leitfläche eines imaginären Kegelschnitts durchsetzt also in zwei Spitzen die Ebene E und nähert sich asymptotisch zweien Geraden. Zieht man durch die beiden Spitzen in der Ebene E Parallelen zu den Asymptoten der Leitfläche, so erhält man vier Gerade, welche die Brennpunkte darstellen. Hieraus ergiebt sich leicht, dass die Spitzen in der Ebene E für eine reelle Ellipse.

$$\left(\frac{x}{A}\right)^2 + \left(\frac{x}{B}\right)^2 - 1 = 0$$

in den Punkten C und D (Fig. 13) mit den Coordinaten

$$X_0 = +\tfrac{1}{2}\sqrt{A^2 - B^2},\ Y_0 = 0,\ Z_1 = 0$$
$$X_1 = -\tfrac{1}{2}\sqrt{A^2 - B^2},\ Y_1 = 0,\ Z_1 = 0$$

liegen, und dass die Geraden g und h die reellen Brennpunkte G, H, und i, k die imaginären Brennpunkte darstellen.

Wir sehen hieraus, dass es möglich sein würde, durch die blosse Anschauung einer Leitfläche zu entscheiden, von welcher Klasse die imaginäre Curve wäre: man brauchte nur die Spitzen in der Ebene E zu zählen. **Auch die Ordnung würde man sofort erkennen, wenn man zählte, wie oft die Leitfläche zu jeder Seite von E** der Grundebene parallel verliefe; denn jede solche Stelle entspricht einem imaginären Durchschnittspunkte mit der unendlichfernen Geraden. Stellt man nämlich den imaginären unendlichfernen Punkt und die zugehörige imaginäre Asymptote dar, so hat man auf jeder Seite der Ebene E zwei sich rechtwinklig schneidende Gerade, die der Grundebene parallel sind und im Durchschnittspunkte die Leitfläche berühren müssen.

Diese Andeutungen mögen genügen, um eine allgemeine Vorstellung von der Natur der Leitflächen und von der Art zu geben, wie man sie untersuchen kann. Es ist nicht zu verkennen, dass diese Gebilde meistens so complicirt sind, dass der Zweck der Veranschaulichung imaginärer Beziehungen, ohne Modelle wenigstens, nur sehr unvollkommen erreicht wird. Dieser Wunsch kann nur bei den einfachsten, elementarsten, eben deswegen aber auch wichtigsten Verhältnissen vollkommen erfüllt werden. Bei diesen complicirteren Gebilden tritt dagegen ein anderer Nutzen in den Vordergrund, dass es uns möglich ist aus den Eigenschaften sehr einfacher Gebilde von einer oder zwei Dimensionen die Natur weit verwickelterer Gebilde höherer Dimension durch blosse Uebersetzung zu erforschen. Zu diesem Zwecke möchte indessen eine allgemeinere Darstellungsweise der imaginären Elemente noch vortheilhafter sein, zu der wir uns jetzt wenden wollen.

§ 11. Eine allgemeinere Darstellung der imaginären Elemente der Ebene.

Wir haben im Vorigen den imaginären Punkt durch eine Gerade dargestellt. Die Möglichkeit hiervon beruht darauf, dass die Mannichfaltigkeit sowohl der imaginären Punkte der Ebene als auch der Geraden des Raumes eine vierfach unendliche ist. Die imaginäre Gerade hatten wir dargestellt durch ein Paar von Geraden, welche gewisse Bedingungen erfüllen mussten, wodurch die Mannigfaltigkeit auf eine gleichfalls vierfach unendliche beschränkt wurde. Es liegt nun offenbar eine Nichtbeachtung des Dualitätsprincipes, welches zwischen Geraden und Punkten in der Ebene gilt, in dieser Verschiedenartigkeit der Darstellung derselben. Die imaginäre Gerade ebenso wie den imaginären Punkt durch eine Gerade des Raumes darzustellen ist unmöglich. Es würde dann weder durch zwei imaginäre Punkte eine imaginäre Gerade bestimmt sein, noch umgekehrt durch zwei imaginäre Gerade ein imaginärer Punkt. Dagegen bliebe die Möglichkeit bestehen auch die imaginären Punkte durch je zwei Gerade darzustellen. Die vier Geraden zweier imaginären Punkte würden dann zwei andere Gerade bestimmen, die dann die imaginäre Verbindungslinie darstellen könnten. Dies war eigentlich schon bisher der Fall; denn die vier Leitlinien zweier imaginären Geraden bestimmen nicht nur die Gerade, durch welche wir ihren imaginären Schnittpunkt darstellten, sondern ausserdem die unendlichferne Gerade der Ebene E. Aber hierin liegt eben das dem Dualitätsprincipe Widerstreitende, dass die unendlichferne Gerade für alle imaginären Punkte dieselbe ist, während bei der imaginären Geraden beide Leitlinien veränderlich sind. Damit nun die Mannichfaltigkeit der Gebilde, welche die imaginären Punkte darstellen sollen, die vierfache Unendlichkeit nicht übersteige, sind Einschränkungen der Willkührlichkeit der Leitlinien nöthig. Eine nähere Ueberlegung zeigt, dass es weder möglich ist auch bei der imaginären Geraden eine Leitlinie fest zu machen, noch die Leitlinien des imaginären Punkts der Bedingung zu unterwerfen, eine gegebene Gerade zu schneiden. Das einfachste ist daher, die Geraden des Raumes paarweise einander zuzuordnen und festzusetzen, dass durch ein solches Paar ein imaginärer Punkt oder eine imaginäre Gerade dargestellt werde.

Um diese Gedanken auszuführen, nehmen wir ein tetraëdrisches Coordinatensystem an, dessen eine Seite in die Grundebene fällt und dort das Coordinatendreieck bildet. Die complexen Punktcoordinaten der Grundebene, werden wir durchweg mit kleinen Buchstaben in folgender Weise bezeichnen:
$$x_1 = \varepsilon_1 + i\varepsilon_1', x_2 = \varepsilon_2 + i\varepsilon_2', x_3 = \varepsilon_3 + i\varepsilon_3'.$$
Die complexen Liniencoordinaten in der Ebene benennen wir in nachstehender Art:
$$u_1 = \varphi_1 + i\varphi_1', u_2 = \varphi_2 + i\varphi_2', u_3 = \varphi_3 + i\varphi_3'.$$
Die Punktcoordinaten des Raumes seien
$$X_1, X_2, X_3, X_4$$
oder analog in Y oder Z, so dass der Punkt $X_1, X_2, X_3, X_4 = 0$ identisch ist mit

$$x_1 = X_1, x_2 = X_2, x_3 = X_3.$$

Die Ebenencoordinaten mögen
$$U_1, U_2, U_3, U_4$$
sein oder analog in V oder W. Die Liniencoordinaten im Raume endlich sollen in folgender Weise bezeichnet werden:

$$\rho p_k = X_k Y_4 - Y_k X_4 \quad (k=1,2,3)$$
$$\rho \pi_1 = X_2 Y_3 - Y_2 X_3$$
$$\rho \pi_2 = X_3 Y_1 - Y_3 X_1$$
$$\rho \pi_3 = X_1 Y_2 - Y_1 X_2,$$

wenn die Gerade durch die Punkte X und Y bestimmt ist, oder durch

$$\rho g_k = U_k V_4 - V_k U_4 \quad (k=1,2,3)$$
$$\rho \gamma_1 = U_2 V_3 - U_2 U_3$$
$$\rho \gamma_2 = U_3 V_1 - V_3 U_1$$
$$\rho \gamma_3 = U_1 V_2 - V_1 U_2,$$

wenn die Gerade durch die Ebenen U und V bestimmt ist.

Es sei nun

1) $$u_1 x_1 + u_2 x_2 + u_3 x_3 = 0$$

die Gleichung einer imaginären Geraden. Diese zerfällt in

2) $$\begin{cases} \varphi_1 \varepsilon_1 + \varphi_2 \varepsilon_2 + \varphi_3 \varepsilon_3 - \varphi_1' \varepsilon_1' - \varphi_2' \varepsilon_2' - \varphi_3' \varepsilon_3' = 0 \\ \varphi_1' \varepsilon_1 + \varphi_2' \varepsilon_2 + \varphi_3' \varepsilon_3 + \varphi_1 \varepsilon_1' + \varphi_2 \varepsilon_2' + \varphi_3 \varepsilon_3' = 0 \end{cases}$$

Setzt man hierin

3) $$\varepsilon_1 = p_1, \varepsilon_2 = p_2, \varepsilon_3 = p_3$$
$$-\varepsilon_1' = \pi_1, -\varepsilon_2' = \pi_2, -\varepsilon_3' = \pi_3,$$

so erhalten wir die Gleichungen zweier linearen Plückerschen Complexe. Damit aber diese Auffassung der ε möglich sei, muss

4) $$\varepsilon_1 \varepsilon_1' + \varepsilon_2 \varepsilon_2' + \varepsilon_3 \varepsilon_3' = 0$$

sein. Dies ist aber immer zu erreichen; denn gesetzt,

die Coordinaten eines Punktes wären ursprünglich $y_k = \eta_k + i\eta'_k$, so könnte man sie sämmtlich mit derselben Grösse $e^{i\varepsilon}$ multipliciren und erhielte

5) \quad $\mathcal{E}_k = \eta_k \cos\varepsilon - \eta'_k \sin\varepsilon$; $\mathcal{E}'_k = \eta_k \sin\varepsilon + \eta'_k \cos\varepsilon$

Setzt man diese Werthe in (4) ein, so ergiebt sich

6) \quad $\mathrm{tg}\,2\varepsilon = -2\dfrac{\eta_1\eta'_1 + \eta_2\eta'_2 + \eta_3\eta'_3}{\eta_1{}^2 + \eta_2{}^2 + \eta_3{}^2 - \eta'_1{}^2 - \eta'_2{}^2 - \eta'_3{}^2}.$

Man findet hieraus zwei Werthe für ε. Die Aufgabe ist identisch mit folgender:

Die Leitlinien einer Congruenz zu finden, welche durch die Gleichungen

7) \quad $\begin{cases} \eta_1 g_1 + \eta_2 g_2 + \eta_3 g_3 - \eta'_1 \gamma_1 - \eta'_2 \gamma_2 - \eta'_3 \gamma_3 = 0 \\ \eta'_1 g_1 + \eta'_2 g_2 + \eta'_3 g_3 + \eta_1 \gamma_1 + \eta_2 \gamma_2 + \eta_3 \gamma_3 = 0 \end{cases}$

gegeben ist. Denn $\mathrm{tg}\,\varepsilon$ ist der Factor, mit dem man die zweite multipliciren muss, bevor man sie zu der ersten addirt, um die Gleichung der Leitlinie zu erhalten.

Es seien nun ε_0 und $\dfrac{\pi}{2} + \varepsilon_0$ die beiden für ε gefundenen Werthe, und ihnen mögen die Leitlinien p und p' entsprechen. Dann ist

9) \quad $\begin{aligned} p_k &= \eta_k \cos\varepsilon_0 - \eta'_k \sin\varepsilon_0 = \mathcal{E}_k \\ \pi_k &= -\eta_k \sin\varepsilon_0 - \eta'_k \cos\varepsilon_0 = -\mathcal{E}'_k \\ p'_k &= -\eta_k \sin\varepsilon_0 - \eta'_k \cos\varepsilon_0 = -\mathcal{E}'_k \\ \pi'_k &= -\eta_k \cos\varepsilon_0 + \eta'_k \sin\varepsilon_0 = -\mathcal{E}_k \end{aligned}$

Die Geraden p und p' sind von einander in folgender Weise abhängig:

10) \quad $p'_k = \pi_k,\ \pi'_k = -p_k.$

Diese Zuordnung der Geraden des Raumes ist eindeutig.

Die Ergebnisse unserer bisherigen Betrachtung sind:

I. Wenn man die reellen und imaginären Theile der Coordinaten eines imaginären Punkts $y=\eta+i\eta'$ zu Coëfficienten der Gleichungen einer Congruenz macht, wie die Formeln (7) angeben, so sind die Leitlinien derselben auf unveränderliche, durch die Formeln (10) ausgedrückte Weise einander zugeordnet.

II. Setzt man die Coordinaten der einen dieser Leitlinien nach den Formeln (3) den reellen und imaginären, bezüglich mit (-1) multiplicirten Theilen der Coordinaten eines imaginären Punkts x gleich, so ist dieser identisch mit dem imaginären Punkte y, von dem man ausging. Diese immer reellen Leitlinien sehen wir als geometrische Darstellung des Punktes x an.

Kehren wir nun zu der imaginären Geraden zurück und führen in die Gleichungen (2) die p und π statt der ξ und ξ' ein, so erhalten wir:

11) $\varphi_1 p_1 + \varphi_2 p_2 + \varphi_3 p_3 + \varphi_1' \pi_1 + \varphi_2' \pi_2 + \varphi_3' \pi_3 = 0$
$\varphi_1' p_1 + \varphi_2' p_2 + \varphi_3' p_3 - \varphi_1 \pi_1 - \varphi_2 \pi_2 - \varphi_3 \pi_3 = 0$

Dies sind die Gleichungen einer Congruenz. Es ist leicht zu sehen, dass die Gerade p' derselben angehört, wenn die zugeordnete p dies thut. Die Vergleichung von (11) mit (7) ergiebt, dass die Aufgabe, die Leitlinien dieser Congruenz zu finden, übereinstimmt mit der oben schon gelösten. Die Leitlinien seien g und g'; dann ist analog wie oben

$$g_k = \varphi_k \cos\delta_0 - \varphi'_k \sin\delta_0$$
$$\gamma_k = \varphi_k \sin\delta_0 + \varphi'_k \cos\delta_0,$$

wo δ_0 bestimmt ist durch

12) $\operatorname{tg} 2\delta = -2 \dfrac{\varphi_1 \varphi_1' + \varphi_2 \varphi_2' + \varphi_3 \varphi_3'}{\varphi_1^2 + \varphi_2^2 + \varphi_3^2 - \varphi_1'^2 - \varphi_2'^2 - \varphi_3'^2}.$

Die Coordinaten der andern Leitlinie sind
$$g_k' = -\varphi_k \sin\delta_0 - p_k' \cos\delta_0$$
$$\gamma_k' = \varphi_k \cos\delta_0 - \varphi_k' \sin\delta_0.$$
Es ist hierdurch folgende Zuordnung der Geraden im Raume gegeben:
$$g_k' = -\gamma_k, \quad \gamma_k' = g_k,$$
welche man mit der oben gefundenen als identisch erkennt, wenn man sich erinnert, dass die g durch Ebenen-, die p dagegen durch Punkt-Coordinaten definirt sind. Genügen die φ der Gleichung
$$\varphi_1\varphi_1' + \varphi_2\varphi_2' + \varphi_3\varphi_3' = 0,$$
so ist
$$g_k = \varphi_k, \gamma_k = \varphi_k', g_k' = -\varphi_k', \gamma_k' = \varphi_k.$$
Wir haben demnach Folgendes:

Alle Geraden des Raumes sind einander paarweise zugeordnet. Jedes Paar stellt einen imaginären Punkt dar. Die imaginären Punkte einer imaginären Geraden werden durch eine Congruenz dargestellt, deren Leitlinien ebenfalls einander zugeordnet sind.

Man bemerkt leicht, dass die Leitlinien eines imaginären Punkts x die Grundebene in zwei Punkten schneiden, von denen der eine durch die reellen, der andere durch die imaginären Theile der Coordinaten von x gegeben ist, wenn
$$\xi_1\xi_1' + \xi_2\xi_2' + \xi_3\xi_3' = 0.$$
Ebenso hat man den Satz, dass die Leitlinien einer imaginären Geraden u, von der Ecke IV des Coordinatentetraëders auf die Grundebene projicirt, dort Bilder erzeugen, deren Coordinaten den reellen, bezüglich ima-

ginären Theilen der Coordinaten von u gleich sind, wenn

$$\varphi_1\varphi_1' + \varphi_2\varphi_2' + \varphi_3\varphi_3' = 0.$$

Aus diesen Sätzen folgt weiter: Ein reeller Punkt wird durch zwei Gerade dargestellt, von denen die eine die Ecke IV des Tetraëders mit dem reellen Punkte selber verbindet, während die andere in der Grundebene liegt. Von den Leitlinien einer reellen Geraden fällt eine mit ihr selbst zusammen, die andere geht durch die Ecke IV.

Jedes Paar einander zugeordneter Geraden des Raumes stellt sowohl einen imaginären Punkt als auch eine imaginäre Gerade dar. Hierdurch ist eine eindeutige Zuordnung von imaginären Punkten und Geraden in der Grundebene gegeben. Die Gerade mit den Coordinaten

$$\rho p_k = \gamma_k, \mu \pi_k = g_k$$

stellt mit der ihr conjugirten den imaginären Punkt

$$x_k = p_k - i\pi_k$$

und die imaginäre Gerade

$$u_k = \rho(\pi_k + ip_k)$$

dar, wodurch die Zuordnung in folgender Weise bestimmt ist

$$u_h = \sigma x_k.$$

Diese Zuordnung ist die der Pole und Polaren des Kegelschnitts.

13)
$$x_1^2 + x_2^2 + x_3^2 = 0$$
$$\text{oder}\quad u_1^2 + u_2^2 + u_3^2 = 0,$$

welcher imaginär ist. Um ihn darzustellen, trennen wir das Reelle und Imaginäre:

$$\xi_1^2+\xi_2^2+\xi_3^2-\xi_1'^2-\xi_2'^2-\xi_3'^2=0$$
$$\xi_1\xi_1'+\xi_2\xi_2'+\xi_3\xi_3'=0$$

oder

14) $$p_1^2+p_2^2+p_3^2-\pi_1^2-\pi_2^2-\pi_3^2=0$$
$$p_1\pi_1+p_2\pi_2+p_3\pi_3=0.$$

Letzteres ist identisch. Unser Kegelschnitt ist die einzige imaginäre Curve, welche nur durch Eine Gleichung zwischen den Liniencoordinaten dargestellt wird, die einzige daher, welche durch eine dreifach unendliche Menge von Geraden dargestellt wird. Diese Geraden sind, wie leicht aus (10) und (14) hervorgeht alle diejenigen, welche ihre conjugirten schneiden.

Die paarweise Zuordnung der Geraden des Raumes ist von der Art, wie sie durch eine Fläche zweiter Ordnung

15) $$X_1^2+X_2^2+X_3^2-X_4^2=0$$
oder $$U_1^2+U_2^2+U_3^2-U_4^2=0$$

gegeben ist, indem der Pol sich auf der einen Geraden bewegt, wenn die Polare sich um die andere dreht. Die Fläche ist reell und ohne reelle Erzeugende. Sie hat das Coordinatentetraëder zum Polartetraëder. Ihr Schnitt mit der Grundebene ist der imaginäre Kegelschnitt (13). Da nun diese Fläche und der imaginäre Kegelschnitt, als mit dem Coordinatensystem zugleich gegeben, allen weitern Untersuchungen zu Grunde liegt, nennen wir sie die fundamentale Fläche und den fundamentalen Kegelschnitt. Es ist aber zu bemerken, dass die Gleichungen nicht nothwendig die Formen (13) und (15) zu haben brauchen; denn, wenn wir das Coordinatensystem so verändern, dass die Ecke IV fest bleibt und nur das Dreieck in der Grundebene sich verschiebt, so bleiben die fundamentale Fläche und Curve, die Zuordnung der Geraden, die Darstellung der imaginären Elemente der Grundebene unverändert; nur die Form der Gleichungen ändert sich, durch welche dies ausgedrückt wird. Man kann jede Fläche zweiter Ordnung ohne reelle Erzeugende, welche die Grundebene nicht reell schneidet, zur fundamentalen Fläche machen, wenn man den Pol der Grundebene zur Ecke IV des Coordinatentetraëders macht, weil man immer ein Coordinatensystem und die damit verbundenen Constanten so wählen kann, dass die Gleichung der Fläche die Form (15) erhält. Wenn wir die allgemeinere Form der Gleichung der fundamentalen Fläche

16) $\quad \alpha_1^2 Y_1^2 + \alpha_2^2 Y_2^2 + \alpha_3^2 Y_3^2 - \alpha_4^2 Y_4^2 = 0$

zu Grunde legen, so ist die Gleichung der fundamentalen Curve

17) $\quad \alpha_1^2 y_1^2 + \alpha_2^2 y_2^2 + \alpha_3^2 y_3^2 = 0$

Die Darstellung der imaginären Punkte ist dann gegeben durch die Gleichungen

$$\rho \alpha_k \eta'_k = \alpha_k \alpha_4 p_k = -\frac{\alpha_1 \alpha_2 \alpha_3}{\alpha_k} \pi'_k$$

$$\rho \alpha_k \eta'_k = -\frac{\alpha_1 \alpha_2 \alpha_3}{\alpha_k} \pi_k = -\alpha_k \alpha_4 p'_k,$$

wobei die η der Bedingung

$$\alpha_1^2 \eta_1 \eta'_1 + \alpha_2^2 \eta_2 \eta'_2 + \alpha_3^2 \eta_3 \eta'_3 = 0$$

unterworfen sind.

Jeder Punkt y der fundamentalen Curve wird durch ein Strahlenbüschel dargestellt. Die Gleichung

$$\operatorname{tg} 2\varepsilon = -2 \frac{\eta_1 \eta'_1 + \eta_2 \eta'_2 + \eta_3 \eta'_3}{\eta_1^2 + \eta_2^2 + \eta_3^2 - \eta_1'^2 - \eta_2'^2 - \eta_3'^2}$$

wird nämlich unbestimmt durch das gleichzeitige Verschwinden von Zähler und Nenner, weshalb jede Gerade mit den Coordinaten

$$p_k = \rho\eta_k - \sigma\eta'_k, \pi_k = -\rho\eta'_k - \sigma\eta_k$$

den Punkt y vorstellt, wobei ρ und σ beliebig sind. Diese Geraden bilden das Tangentenbüschel eines Punktes der fundamentalen Fläche.

§ 12. Zusammenhang der beiden Arten der Darstellung imaginärer Elemente.

Wenn man die beiden Arten der Darstellung imaginärer Punkte vergleicht, so kommt man leicht zu der Vermuthung, dass die Ebenen E und U der fundamentalen Fläche entsprechen. Wir untersuchen deshalb den Fall, wo die fundamentale Fläche in ein Ebenenpaar ausartet, dessen Kante mit der Seite III des Coordinatendreiecks zusammenfällt; denn so müssen wir die unendlichferne Gerade der Grundebene auffassen.

Wir gehen hierbei von den allgemeinen Formeln (§ 11; 16, 17, 18) aus. Es muss dann

$$\alpha_1 = \alpha_2 = 0$$

sein, und

$$\alpha_3^2 Y_3^2 - \alpha_4^2 Y_4^2 = 0$$

ist die Gleichung der fundamentalen Fläche, welche zerfällt in

$$\alpha_3 Y_3 + \alpha_4 Y_4 = 0, \alpha_3 Y_3 - \alpha_4 Y_4 = 0.$$

Die Gleichung der fundamentalen Curve ist

$$\alpha_3^2 y_3^2 = 0.$$

Jeder Punkt dieser reellen Geraden wird durch eine einfach unendliche Schaar von Geraden dargestellt. Lassen wir die Seite III des Coordinatendreiecks ins Unendliche rücken, so haben wir als fundamentale Curve die unendlichferne Gerade. Die Ebene III des Tetraëders wird der Grundebene parallel. Den Winkel der Ecke III des Coordinatendreiecks machen wir zu einem rechten und nehmen die Kante der Ebenen (I, II) des Tetraëders senkrecht zur Grundebene an und setzen demgemäss

$$\sigma y_1 = x, \sigma \eta_1 = \xi, \sigma \eta_1' = \xi',$$
$$\sigma y_2 = y, \sigma \eta_2 = \eta, \sigma \eta_2' = \eta',$$
$$\sigma y_3 = 1, \sigma \eta_3 = 1, \sigma \eta_3' = 0,$$
$$\sigma Y_1 = X, \sigma Y_2 = Y, \sigma Y_3 = 1 + Z, \sigma Y_4 = Z.$$

Es werden dann die Coordinaten der Verbindungslinie zweier Punkte Y und Y' ausgedrückt durch

$$\sigma^2 p_1 = XZ' - ZX'$$
$$\sigma^2 p_2 = YZ' - ZY'$$
$$\sigma^2 p_3 = Z' - Z$$
$$\sigma^2 \pi_1 = Y - Y' + (YZ' - ZY')$$
$$\sigma^2 \pi_2 = X' - X - (XZ' - ZX')$$
$$\sigma^2 \pi_3 = XY' - YX'.$$

Nun ist aber auch (§ 11; 18)

$$p_1 = \tau \xi, \quad \pi_1 = -\tau \frac{\beta_1 \alpha_4}{\beta_2 \alpha_3} \xi'$$
$$p_2 = \tau \eta, \quad \pi_2 = -\tau \frac{\beta_2 \alpha_4}{\beta_1 \alpha_3} \eta'$$
$$p_3 = \tau, \quad \pi_3 = \frac{0}{0},$$

wobei $\frac{\beta_1}{\beta_2} = \operatorname{Lim} \frac{\alpha_1}{\alpha_2}$ gesetzt ist.

Nehmen wir Y' in der Ebene des Imaginären (III des Tedraëders), Y in der des Reellen an, sodass
$$Z'=-1 \ , \ Z=0$$
wird, so kommt
$$\sigma^2 \tau \xi = -X \ , \ -\sigma^2 \tau \frac{\beta_1 \alpha_4}{\beta_2 \alpha_3} \xi' = -Y',$$
$$\sigma^2 \tau \eta = -Y \ , \ -\sigma^2 \tau \frac{\beta_2 \alpha_4}{\beta_1 \alpha_3} \eta' = X',$$
$$\sigma^2 \tau = -1$$
oder
$$\xi = X \ , \ \frac{\beta_1 \alpha_4}{\beta_2 \alpha_3} \xi' = -Y'$$
$$\eta = Y \ , \ \frac{\beta_2 \alpha_4}{\beta_1 \alpha_3} \eta' = X'.$$

Dies stimmt wirklich mit unserer früheren Darstellungsweise überein, wenn wir
$$-\lambda = \frac{\beta_1 \alpha_4}{\beta_2 \alpha_3} = \frac{\beta_2 \alpha_4}{\beta_1 \alpha_3} = -1$$
setzen oder
$$\beta_1^2 = \beta_2^2 \ , \ \alpha_3^2 = \alpha_4^2.$$

Die fundamentale Fläche zerfällt dann in
$$-(1+Z)+Z=0 \ , \ (1+Z)+Z=0$$
d. h. in die unendlich ferne Ebene und in die Ebene E. Es geht hieraus hervor, dass sich unzählige andere Darstellungsweisen denken lassen, bei denen die fundamentale Fläche in zwei Parallelebenen zerfällt, und die unendlichferne Gerade die fundamentale Curve ist. Man braucht z. B. der Grösse $\lambda = -\frac{\beta_1}{\beta_2} \frac{\alpha_4}{\alpha_3}$ nur einen andern Werth als 1 zu geben, was bedeuten würde, dass die Längen in der Ebene des Imaginären nach einem andern

Masstabe als in der Ebene des Reellen gemessen werden. Es mag unter diesen möglichen Darstellungsarten manche geben, welche für die Betrachtung metrischer Beziehungen nicht weniger günstig sind als die von uns spezieller betrachtete. Man hat auch bei der allgemeinen Darstellungsart einer imaginären Curve eine Leitfläche, wie man erkennt, wenn man einen imaginären Punkt und die zugehörige imaginäre Tangente darstellt. Man erhält dann vier Gerade, die sich in vier Punkten schneiden. Diese Punkte müssen der Leitfläche angehören, weil in jedem sich zwei unendlich nahe Strahlen des Systems schneiden. Diese vier Punkte sind die Ecken eines Polartetraëders der fundamentalen Fläche. Die vier Seitenflächen berühren die Leitfläche jede in einem Eckpunkte. Wenn sich also ein Punkt auf der Leitfläche bewegt, so umhüllt seine Polare dieselbe. Eine Schaar von Doppeltangentenlinien der Leitfläche stellt die imaginären Punkte, ein andere die imaginären Tangenten dar. Schliesslich sei noch bemerkt, dass sich die Gaussische Darstellung complexer Zahlen verallgemeinern lässt. Eine der beiden Leitlinien jedes imaginären Punktes schneidet immer die fundamentale Fläche. Jedem imaginären Punkte entspricht also ein Punktepaar auf jener Fläche. Bestimmen wir nun die imaginären Punkte einer imaginären Geraden mittels eines complexen Parameters, so können wir als Darstellung dieser complexen Zahlen die Punktepaare auf der fundamentalen Fläche ansehen. Letztere wird durch jede Ebene, welche durch diejenige Leitlinie der imaginären Geraden gelegt wird, die die fundamentale Fläche schneidet, in zwei Theile zerlegt, in welchen die Darstellung der complexen Zahlen eindeutig ist. Man sieht, dass die Gaussische Darstellung der Spezialfall ist, in welchem die fundamentale Fläche in das Ebenenpaar E und U zerfällt.

Die Kegelschnitte, welche auf der fundamentalen Fläche durch Ebenenbüschel entstehen, deren Axen die Leitlinien der imaginären Geraden sind, entsprechen ihrer geometrischen Entstehungsweise nach den Parallelen zu den Axen des Reellen und Imaginären der Gaussischen Darstellung. Die Rechnung ergiebt, wenn man als darzustellenden complexen Parameter den Logarithmus des Abstandsverhältnisses von den imaginären Punkten nimmt, in denen die fundamentale Curve die imaginäre Gerade schneidet, dass dann die oben erwähnten Kegelschnitte alle die Punkte umfassen, denen gleiche reelle, bezüglich imaginäre Theile dieses Parameters zukommen.

Es möchte indessen kaum gelingen, die allgemeine Darstellungsweise complexer Zahlen ebenso fruchtbringend zu machen, wie die Gaussische.

Das Verhältniss der beiden Darstellungsarten entspricht dem der Euclidischen Geometrie zu einer solchen, in welcher die unendlich ferne Gerade mit den beiden Kreispunkten durch einen nicht zerfallenden Kegelschnitt ersetzt ist.